多级边坡荷载及变幅水位作用下的超高浸水路堤稳定性研究

吴进良　著

中国建筑工业出版社

图书在版编目(CIP)数据

多级边坡荷载及变幅水位作用下的超高浸水路堤稳定性研究/吴进良著. —北京：中国建筑工业出版社，2019.2
ISBN 978-7-112-23235-2

Ⅰ.①多… Ⅱ.①吴… Ⅲ.①边坡稳定性-研究 Ⅳ.①TV698.2

中国版本图书馆 CIP 数据核字(2019)第 020934 号

在西部三峡库区的高填方往往受长江或其支流的变幅水位影响，且存在多条以上的公路布设在多级边坡的护坡道上的可能性，导致多级车辆荷载同时作用在一个填方路堤的超高边坡上，对高边坡的稳定性带来威胁。本书以长江学者和创新团队发展计划资助项目以及重庆奉节至云阳高速公路奉节东立交工程为依托，针对西部山区常见巴东组地质背景，对多级边坡车辆荷载及变幅水位作用下的超高填方边坡稳定性进行了全面的研究，并最终得出了多级车辆荷载、变幅水位对巴东组地质填料的超高浸水边坡的稳定性的影响规律，对类似边坡设计、施工和研究具有理论参考意义。

本书适用于土木、交通、水利工程领域的研究人员、设计人员、工程技术人员参考使用。

责任编辑：田立平 李 璇
责任校对：张 颖

多级边坡荷载及变幅水位作用下的超高浸水路堤稳定性研究
吴进良 **著**
*
中国建筑工业出版社出版、发行（北京海淀三里河路9号）
各地新华书店、建筑书店经销
北京科地亚盟排版公司制版
北京建筑工业印刷厂印刷
*
开本：787×960毫米 1/16 印张：9½ 字数：180千字
2019年5月第一版 2019年5月第一次印刷
定价：**40.00**元
ISBN 978－7－112－23235－2
（33289）

前　言

当前，我国高等级公路的建设从平原转入了山区，由于西部山区地形复杂，巴东组地质条件较多，冲沟较深，超高路堤填筑不可避免；在西部三峡库区的高填方往往还受长江或其支流的变幅水位影响，且存在多条以上的公路布设在多级边坡的护坡道上的可能性，导致多级车辆荷载同时作用在一个填方路堤的超高边坡上。因此本书以长江学者和创新团队发展计划资助项目以及重庆奉节至云阳高速公路奉节东立交工程为依托，针对西部山区常见巴东组地质背景，对多级边坡车辆荷载及变幅水位作用下的超高填方边坡稳定性进行了全面的研究，本书的主要工作如下：

（1）对西部山区常见的巴东组地质填料进行室内试验，通过击实试验、直剪试验、回弹模量试验等得到理论分析赖以计算的含水量、回弹模量、黏聚力、内摩擦角等参数。通过研究，确定了本书中超高路堤填料的本构关系采用“摩尔-库伦模型”。

（2）针对多级超高边坡的特点，对边坡车辆荷载的等效换算进行研究，采用对比研究的手段，研究了等效为当量土柱厚度与等效为均布荷载两种方式的异同点。提出了将边坡车辆荷载等效换算为均布荷载更适合于多级超高路堤稳定性分析的观点。

（3）采用极限平衡法与数值分析法两种方法分别计算了不同高度与坡度的边坡稳定性，研究了边坡坡度值、高度值对超高边坡的稳定性影响规律和影响程度，并分析了超高边坡的坡度和高度对边坡稳定性的作用机理。进一步研究了车辆荷载作用在不同边坡位置时对边坡稳定性的影响规律。边坡车辆荷载对边坡稳定性的影响程度与边坡高度成反比，并且随着高度的增大有逐渐趋于零的趋势。

（4）在上述研究的基础上，本书进一步分析了变幅水位 V 形冲沟的超高填方路基的稳定性，建立了 V 形冲沟超高路堤在变幅水位及水位骤降情况下的饱和—非饱和渗流与应力耦合的计算模型。本书研究得出了不同变幅水位下的超高路堤边坡稳定性的变化规律以及水位骤降时边坡的应力应变规律。

（5）以国家重点工程——杭兰线重庆奉节至云阳高速公路为工程背景，选取奉节东立交处的两个典型断面作为分析对象，采用工程实地运回来的巴东组地质填料为模型材料，制作两个断面的小比例模型，进行大型土工离心试验，对本书的边坡的稳定性研究结论进行验证。

通过以上研究，本书得出了多级车辆荷载、变幅水位对巴东组地质填料的超高填方边坡的稳定性的影响规律，对类似超高边坡稳定性设计和施工提供理论参考作用。

全书共分六章，由重庆交通大学吴进良副教授撰写。在从事该研究的过程中，得到了重庆大学张永兴教授、王桂林教授、重庆交通大学吴国雄教授、杨锡武教授的大力帮助和指导。重庆交通大学研究生张春笋、杨继平参与了本书的研究工作。

在研究工作中，课题组成员重庆交通大学丁静声、张卓、彭念、张铭、张春笋、左阳、陈麟、刘先义为本书的依托课题做了很多工作。正是他们的无私援助使本书得以更顺利完成，在此向他们表示诚挚的谢意！

感谢重庆交通大学山区道路建设与维护技术重庆市重点试验室老师的帮助和指导。

由于作者水平有限，书中难免存在不足之处，敬请读者批评指正！

吴进良

2018年9月25日

目　录

第1章 绪 论

1.1 研究背景及意义

1.1.1 研究背景

边坡的稳定性问题也是岩土工程学科中最古老的研究课题之一。当前，我国高等级公路建设逐渐由发达地区转向落后地区，由平原转入山区，西部高等级公路通车里程不断增多。伴随着高速公路进入山区，西部山区或库区地形地质复杂带来的问题也逐步显现：山区坡陡山高、地形起伏大，高速公路布线难度也较大，导致山区高速公路桥隧比例高、桥墩高达上百米、公路填挖量大（高达80余米的挖方或填方边坡屡见不鲜）、巨大的填挖高度带来巨大的占地面积及巨大的土石方工程量，进而导致高速公路每公里造价屡屡攀高。一般而言，山区高等级公路深沟路段一般采取桥梁方式跨越，而高山路段一般则采取隧道方式穿越，这就是山区常见的"桥接隧、隧接桥"的现象，这容易导致棘手的土石方平衡问题：由于桥跨路段不能消耗弃土，隧道洞渣就不能用于填筑路堤，大量过剩的隧道洞渣则必须寻找弃土场，而山区起伏不平的地形也很难找到合适的弃土场，即使找到弃土场，又将对库区水系、V形冲沟带来不利影响。这些都对当代土木工程师提出了考验。因此，当高等级公路跨越冲沟时，如果存在隧道洞渣废方，以超高填方路堤替代桥跨结构无疑也是一种解决方案，这与设置桥梁的方案相比较而言，既经济又环保：消除了挖方废方，减少了弃土场，保护了原始植被和耕地。这种情况在已建的成渝高速公路、成雅高速公路、西攀高速公路、达陕高速公路、成南高速公路和柳桂高速公路上均有运用。但是，已建成的多条高速公路的超高路堤已经发现了不同程度的破坏。既然高速公路建设中出现了如此大量的超高路堤，由此产生的超高路堤稳定性问题变得十分突出，成为建设、施工和科研等单位需要破解的难题之一。

西部三峡库区的地形更加复杂，沟深壁陡，很多呈"V"字形。在这些地方填筑的填方路堤高度一般属于高路堤，一般的高填方都在20m以上，少数地方填方高度达到40m，甚至更高。由于这种超高路堤填筑体积巨大，就更容易发生路基病害，超高路堤边坡的稳定性也更差，超高路堤对其支护结构物的土压力也较大。作为西部三峡库区的超高填方，往往濒临长江或长江支流，路堤受到长江流域水位的变幅影响很大，这对超高路基的整体稳定性有很多影响。

山区冲沟地段超高路堤的边坡失稳这类问题严重影响高等级公路交通的正常运行，严重会造成交通事故，并造成巨大经济损失。因此，综合考虑巴东组地质、冲沟地形条件、多级边坡车辆荷载的作用、长江变幅水位等因素，对超高路基的稳定性研究具有极大技术价值，能有力保障社会经济效益。

本书以长江学者和创新团队发展计划资助（IRT1045）以及重庆市科技项目《多重荷载作用下巴东组泥灰岩填料超高填方路堤稳定性及支护结构研究》为依托，该课题是重庆高速公路集团有限公司渝东建设分公司、重庆交通大学、长安大学、重庆交通规划勘察设计院联合承担的。该课题以杭兰线重庆奉节至云阳高速公路（国家重点高速公路建设项目）奉节东立交处超高填方＋挡土墙为研究对象。奉节东立交位于重庆市奉节县城的东边，是沪蓉高速公路在奉节县城重要的交通出入道口之一，如图 1-1 所示。

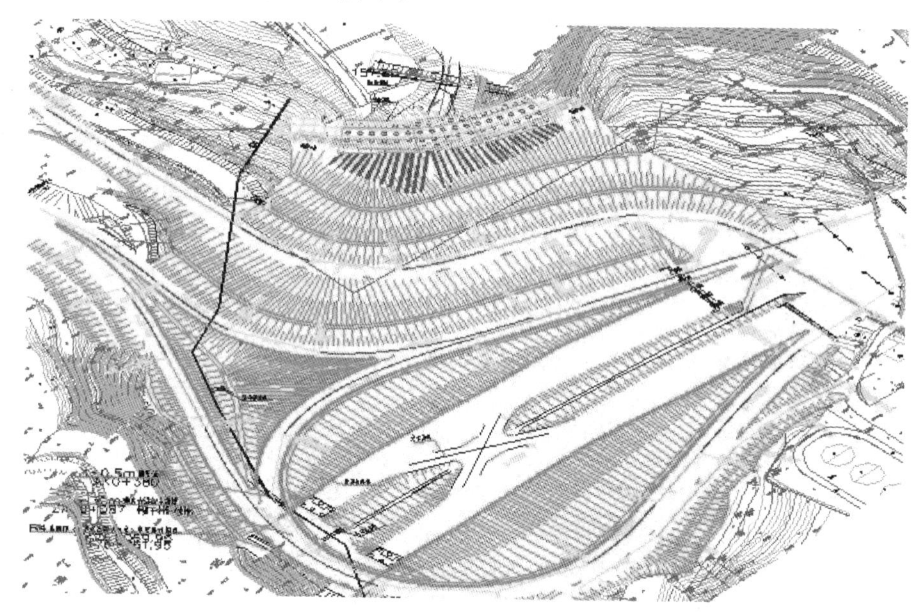

图 1-1 奉节东立交平面图

Figure 1-1 Fengjie east interchange plan

奉节东立交位于财神梁隧道洞口，洞口外紧邻梅溪河，是一个 V 形冲沟。隧道洞渣属于巴东组地质，且冲沟外邻长江支流梅溪河，采用该洞渣填筑的高路堤受到长江变幅水位的影响。图 1-1 是 V 形冲沟的地形平面图，该处地形相当陡峻复杂，立交范围内一条深约 80m 的 V 形冲沟，冲沟顶宽 125m，底宽约 20m，立交前后紧邻财神梁隧道与梅溪河特大桥。受地形地物限制，奉节东立交的匝道布线十分困难，匝道 A、C、D 以及渝巴二级路都要布设在该冲沟的高填方区，该填方区域最大填方高差达到 83m，平均填方高度 35m，总方量为 133 万 m^3。在同一超高边坡上，需要同时布设几个匝道、机耕道等多级边坡车辆荷载。为了保证该路堤的稳定性及抵抗洪水冲刷，设计图纸中在冲沟末端、填方坡脚、临近梅溪河入口处修筑一个约 28m 高的锚杆挡土墙，同时起拦渣坝作用。该拦渣坝采用了重力式挡土墙墙身，挡土墙基础采用桩、承台基础，基础设置锚杆。沟心两侧采用现浇桩板式挡土墙结构。为此，有必要对巴东组地质条件下的 V 型冲沟在变幅水位影响下，其路堤稳定性的分析方法进行研究。

1.1.2 研究意义

随着我国修建的高填方路基数量增多，高填方路基的稳定性问题也日益备受关注，对于普通高填方路堤的稳定性，前人已经做了较多的研究，制定了相应的施工规范与设计规范，但是对于在山区 V 形冲沟，采用巴东组地质条件多级边坡车辆荷载及变幅水位作用下的超高路堤，在国内研究甚少。在我国颁发的《公路路基设计规范》JTG D30—2015，简单介绍了高边坡路堤以及陡坡路堤的稳定性计算，将高边坡路堤、陡边坡路堤的稳定性计算分为路堤本身的稳定性、路堤与地基的整体稳定性、路堤沿斜坡接触面或软弱带滑动面的稳定性三种情况，还简单介绍了其稳定性计算公式，但其提法过于笼统，对边坡上面承受多级边坡车辆荷载作用及变幅水位作用更是缺乏系统论述。

山区地形陡峻、沟壑起伏，路线需要克服的高差集中，与平原区公路选线相比，展线难度要大得多。在特殊情况下，等级较低的公路或者立交匝道只能采用回头曲线的形式来展线，所谓回头曲线就是指山区公路为克服高差在同一坡面上回头展线时采用的一种特殊曲线类型，回头曲线路线偏角一般较大，接近或超过 180°，在山区路线选线时不得已才采用这种特殊线形。山区公路路线回头展线地点的确定或高速公路立交匝道的位置选择有时受地形限制很大，河沟地段也是一种较理想的选择位置。路线跨沟回头或者匝道过沟连接上下线道路时，将可能出现在同一填方区布设两条或两条以上的道路，这样，路堤在同一断面将会受到来自不同标高上边坡的汽车荷载的作用（或者称之为承受多级荷载的作用），本书所指的多级边坡荷载就是指位于同一边坡上的不同标高位置的路基车辆荷载。多级边坡车辆荷载作用下的路堤稳定性问题和单级车辆荷载作用下的路堤问题是有区别的：单一边坡路堤稳定用极限平衡法分析时，车辆荷载通常可以换算成当量土柱高，即以相等压力的土层厚度来代替单级车辆荷载被计入滑动力部分，作为路堤不稳定因素进行分析；而在多级边坡路基折线路堤边坡稳定分析时，多级荷载的每一级荷载既是下一层道路的滑动力荷载，又可能是上一层道路的抗滑力因素。这样，路堤失稳时，破裂面有可能出现在多级边坡的任意两个护坡道之间，这给路堤边坡的稳定性分析带来了不确定性，给试算带来巨大的工作量，因此，多级边坡车辆荷载作用下的路堤边坡稳定性研究显得非常有必要。

同时，本研究实例中的奉节东立交处的超高填方临近长江支流——梅溪河，很容易受到三峡水库的库水位涨落的影响。一年之中三峡库区最高水位与最低水位之差达到 30m，库水位的这种大幅度涨落，将带来临河路基土体内浸润线的位置和形状的变化，进一步影响到临河填方路堤的整体稳定性。本研究项目所在地奉节县属亚热带湿润季风气候区，年平均降雨 1261.9mm，特别是夏季雨量集中、雨量大、降雨时间长，降雨后坡面径流的渗透对冲沟高填路基沉降变形影响也比较明显，一方面雨水的渗入会改变路基土的物理力学性质参数，土颗粒材料在水的作用下被软化、润化，抗剪能力降低；另一方面，雨水的渗入会增加高填路基的重量，路基失稳下滑力增大，尤其是路堤填料都是开挖后转运来的待填待压材料，这种材料更具亲水倾向，受水的影响更为显著。开展对奉节东立交巴东组地质 V 形冲沟高填路基在降雨和水位涨落情况作用下的超高边坡稳定性的研究非常必要，对于解决本工程项目的具体问题也意义重大。奉节东立交最初的设计方案是高架桥，隧道洞渣无法利用，必须运到大型弃土场。改为超高路堤填筑方案后，不仅节约工程造价达 3 千多万，还带来很好的环保效益和社会效益。2007 年，在重庆高速公路集团有限公司渝东建设分公司的牵头下，由重庆交通大学、重庆交通规划勘察设计院、长安大学等单位共同参与实施了重庆市科技项目《多重荷载作用下巴东组泥灰岩填料超高填方路堤稳定性及支护结构研究》，对于该工程中 83m 高的超高边坡的稳定开展研究，对工程的施工提供了重要的理论支持。

1.2 国内外研究现状

边坡稳定分析是岩土工程中的重要研究课题之一。其中，极限平衡法是最早提出、也是最被广泛应用的一种方法，长期的工程实践证明了极限平衡法对土坡稳定分析是有效且相对可靠的。土坡稳定分析时采用圆弧滑动面首次由瑞典学者彼特森（K. E. Petterson，1916）提出，此后费仑纽斯（W. Fellenius）于 1927 年首次提出二维极限平衡法，即建立在 Mohr-Coulomb 屈服准则与静力平衡的基础上的。由于稳定分析本身就是个超静定的问题，为了使问题得到简化各个分析方法都做不同的假设，这些不同的假设对计算结果及精度有不同的影响。

普通边坡超过 12m，即可视为高边坡。至于超高边坡，国内规范没有定义。

本课题中研究的填方路堤高度达到83m，并且采用巴东组地质公路隧道洞渣填筑而成，洞渣的压实效果远比砂性土填料差，且路堤边坡上布设了多级车辆荷载作用，同时该边坡受到长江变幅水位的涨落影响，这种超高路堤边坡稳定性的研究课题国内鲜有报道。考虑多级边坡车辆荷载作用模式、变幅水位涨落及降雨入渗等因素的超高边坡稳定性影响国内外均较少研究。

1.2.1 超高路堤稳定性研究现状

目前，对路堤稳定性研究的方法主要有极限平衡法、极限分析法、有限元数值分析法以及三维边坡稳定性分析方法。

1. 极限平衡法

极限平衡法是以摩尔-库伦的抗剪强度理论为基础，将有滑动趋势范围内的边坡土体沿某一滑动面切成若干竖条或斜条土条，对土条进行受力分析，直接对某些多余未知量做出假定，使方程式的数量和未知数相等，建立整个滑动土体的力或力矩平衡方程，并以此为基础确定边坡的稳定安全系数。该法假定滑动土体是理想的刚塑性体，不考虑土的应力-应变关系，假定沿滑动面上各点的强度发挥程度与抗剪强度折减安全系数相同，其安全系数与滑动体所在区域的变形特点和区域外的地质情况、受力条件等无关。由于极限平衡方法模型简单，计算公式简洁，可解决多种形状滑动面的滑动问题，且能给出工程易于接受的稳定性指标，因此在工程中得到广泛的应用。

二十世纪二十年代以前，对于土坡稳定和土压力的计算，一律只讨论土体的内摩擦角，并假定滑动面为平面。1773年法国工程师库伦（C. A. Culomb）和1857年英国学者朗肯（W. J. M. Rankine）分别提出的土压力理论，就是这些时期的代表。

1916年，彼德森（K. E. Pettersson）和胡二顿（S. Hultin）根据大量观测论证了某些土体（特别是有黏结力的土体）在发生滑动失稳破坏时，其滑动面是与圆柱面接近的曲面。在此基础上，彼德森提出了圆弧滑动分析法。此法初创时，仍只计算了土的摩擦力，并不考虑土体内部土条间的相互作用力，这就是最初的瑞典圆弧法。

二十世纪30～40年代是瑞典圆弧法逐渐完善的时期。瑞典学者费仑纽斯（W. Fellenius）将最初的圆弧法推广到兼有摩擦力和黏结力的土体稳定分析中去，并初步研究了最危险滑弧的位置的变化规律。瑞典圆弧法假定土坡稳定为平面应变问题，滑动面为圆弧面，计算中不考虑土条内各土条间的相互作用力，抗滑稳定安全系数是用滑弧上的全部抗滑力矩和滑动力矩之比来定义的；瑞典条分法在岩土工程中得到了广泛应用，该方法被著名土力学学者太沙基（K. Terzaghi）誉为现今岩土工程中的一个里程碑，由于该方法具有理论基础简单，计算方便的优点，故仍被许多现场工程师习惯采用。

由于瑞典条分法是将土坡稳定设想为平面应变问题，滑动面被简化为圆弧面，为考虑滑动土体内部各土条间的相互作用力，抗滑稳定安全系数用滑弧上的全部抗滑力矩与滑动力矩之比来定义。一般说来，安全系数较实际情况偏低，偏于保守。二十世纪 40 年代以后，不少学者致力于改进瑞典圆弧法：一方面，不少学者致力于探索最危险滑弧的位置，制作图表和曲线，以减少工作量，如泰勒（D. W. Taylor）、毕肖普（Bishop）、拉姆里和包罗斯等，通过一些特殊情况的研究，揭示了最危险滑弧圆心位置的一些变化规律；另一方面，有不少人研究滑裂面的形状。1941 年太沙基就提出，土体破坏时的滑动面比较接近对数螺旋线。

在二十世纪 50～60 年代，人们研究主要集中在两个方面：（1）在计算中如何考虑滑动土体内部土条间的相互摩擦力；（2）研究如何在任意形状的滑坡面进行应用。经过这个阶段的研究，土质边坡的稳定分析的理论和方法趋于完善，1954 年，简布（N. Janbu）提出了普遍条分法的计算理论，将原先的圆弧法推广到任意滑动面的情况，简布还假定了土条间推力的作用位置，合理地解决了条分法存在的问题。在 1955 年，毕肖普提出了土坡稳定安全系数的概念：$k=\tau f/\tau$，式中：τf 为沿整个滑动面的平均抗剪强度，τ 为滑动面上的平均剪应力。极限平衡法进一步得到了完善。

1965 年摩根斯坦（Morgenstern）和普赖斯（Price）提出了“多余未知函数的合理要求”，假定条间剪力 X 和条间法向力 E 之间存在一定的函数关系（$X=\lambda f(x)E$），从而可使分析的结果更趋合理，成为著名的摩根斯坦-普赖斯法（Morgenstern-Price）法，后来，在考虑土条间相互作用力的前提下，尽量使土条力函数简单，便于计算（特别是手算）工作的实施，出现了斯宾塞（Spencer）法、萨尔玛（Sarma）法、Low 和 Karafiath 法和美国陆军工程师团法等。

1992 年 Euoki 考虑在滑楔间的界面上引入局部强度发挥度，运用滑块离散格式提出了广义极限平衡法。

1995 年栾茂田根据极限平衡原理，将土体稳定分析的滑动楔体模型加以改进，建立了能合理考虑土体破坏机制的滑楔分析技术，将所改进的分析方法，应用于地基承载力求解中。

1997 年朱大勇模拟最优控制理论提出了边坡临界滑动场的概念，并提出了模拟临界滑动场的数值方法，1999 年又提出了边坡全局临界滑动场理论。

总之，目前的极限平衡法以条分法应用较多。它是把整个土体作为刚体考虑，然后再把土体分条，以极限平衡理论为基础进行分析，不同之处在于相邻土条间的内力的假定，其比较情况见表 1-1。

各种极限平衡法对比　　表 1-1

different slice method correlation table　　Table 1-1

计算方法	所满足的平衡条件				计算手段	
	整体力矩	土条力矩	垂直力	水平力	手算	电算
简单条分法	满足	不满足	不满足	不满足	可行	可行
简化毕肖普法	满足	不满足	满足	满足	可行	可行
斯宾塞法	满足	满足	满足	满足	不可行	可行
萨尔玛法	满足	满足	满足	满足	可行	可行
简布法	满足	不满足	满足	满足	可行	可行
摩根斯坦-普赖斯法	满足	满足	满足	满足	不可行	可行
不平衡推力传递法	不满足	不满足	满足	满足	/	/

2. 极限分析法

极限分析法（又叫能量法），它是运用塑性力学中的上、下限定理求解边坡稳定的问题。上限定理即能量法，通常需要假设一个滑动面，并将滑动土体分成若干刚性块，然后构建一个协调位移场，根据虚功原理求解滑体处于极限状态时的极限荷载、临界坡高或稳定系数。一般假设的滑移面为对数螺旋线或直线。下限定理的应用是有限的，因为很难找到合适的静力许可的应力分布，只有极少数情况下可用应力柱方法构造这种平衡静力场，获取下限解。因此，上限定理的使用情况较多。能量法的最大软肋是将土体假定为理想的刚塑性体，因此土体的非线性应力应变无法考虑。

1970 年 Fang 和 Hirst 首先将塑性力学理论应用于土质边坡的稳定性研究。它的理论基础是塑性力学的塑性位势理论，最大优点在于计算中考虑了土料的应力与应变的关系，计算比较简单，而且物理概念清晰。1977 年 Karal 提出了土坡稳定分析的能量法，1983 年 Baker 和 Frydman 提出了土体非线性失稳破坏的塑性极限分析上限解法，1995 年 Michalowsk 提出了塑性极限分析动力法，都是对塑性极限分析理论的丰富和发展。70 年代以后，我国的一些学者在土坡稳定分析方法的某些方面的研究也做出了重大贡献。如潘家铮提出了滑坡极限分析的两大原理——极大值原理和极小值原理。即：滑坡体如有可能沿许多滑动面滑动，则失稳时它将沿抗力最小的那一个滑面破坏（极小值原理）；滑坡体的滑面确定时，则滑面上的反力及滑坡体内力皆能自行调整，以发挥最大的抗滑能力（极大值原理）。它采用了屈服准则的概念，并考虑了土的应力一应变关系的相应流动规律，以刚塑性体为基础，解决了极限平衡法不满足协调变形的缺陷。

1978 年，张天宝通过按瑞典法建立的简单土坡稳定系数函数的数值分析，提出了在确定最危险滑弧位置方面较 Fellenius 的 MM′线、方捷耶夫的扁形面积等经验方法更为准确的方法。1980年，张天宝和阎中华两人进一步阐明了复合土坡最危险滑弧面分布的多极值规律。1981年，孙君实利用模糊数学工具，建立了土坡稳定安全系数的模糊函数和模糊约束条件，提出了安全系数的模糊解集和最小模糊解集概念，使长期来人们在解土坡问题时在土条侧作用力问题上的随意性从此得到克服，使条分法成为一种独立的极限分析数学方法；孙君实在土坡稳定分析的理论和方法方面进行了全面的研究，深刻地揭示了土坡稳定问题的力学原理，推动了土坡理论的深入发展。1983年，欧阳仲春、陈祖煜也在塑性极限分析法方面进行了较为深入的研究。

1985年，张天宝在索可洛夫斯基的极限稳定边坡原理的基础上，进一步提出了“等k边坡”的概念，建立了利用现行边坡稳定分析原理求解工程实用合理边坡的计算方法和程序。1986年又论述了产生黏性土土压力时的合理滑面形状，提出了求解黏性土土压力的圆弧滑面整体平衡法。王恭先、徐邦栋分别在1988年和1998年结合我国滑坡发生的实际情况进行了长期的研究，提出了滑坡稳定性判断的理论和方法，该方法是通过分析滑坡体的不同发育阶段和不同滑带土的强度特征，结合滑坡的状态，利用各种方法确定滑带土参数的上、下界限法，同时还给出了抗剪强度参数选择中应考虑的基本因素，该方法在实际滑坡工程中得到了较为广泛的应用和推广。

1997年李国英与沈珠江等从极限分析下限的角度，引入数学规划的概念寻求问题的下限解。1999年，马崇武认为岩土边坡的失稳破坏并不是瞬间便发生整体破坏，而是一个由局部破坏并且扩展以至形成滑面的渐进过程，根据这个理念，他进一步提出了滑坡渐进破坏的演化模型。

1988年到2002年期间，斯伦与他的合作者们借助线性或非线性数学规划方法得到极限荷载的严格上限解和下限解。2007年董倩等人以无重边坡极限承载力问题为例，依据滑移线场探讨了上限解。随着计算机的软件、硬件的高速发展，上、下限理论得到了较好的应用。有些学者将有限单元法与极限分析法相结合，这形成了一种新的趋势：在严格的塑性理论基础上利用数值方法求解复杂稳定问题的上、下限解。

现有这些极限平衡法可以分为如下四类：

（1）考虑所有平衡条件。即水平方向、垂直方向力的平衡和对任意点的力矩平衡。属于此类的方法有：斯宾塞法、摩根斯坦-普赖斯法和萨尔玛法。

（2）考虑垂直方向力的平衡和力矩平衡。简化毕肖普法属于此类方法。

（3）考虑水平方向力和垂直方向力的平衡。属于此类的方法有：简化简布法、陆军工程师团法和不平衡推力法。

（4）仅考虑力矩平衡。瑞典法属于此类。

3. 有限元数值分析法

随着科学技术的进步，边坡稳定性分析越来越多地采用了数值计算方法。其中比较典型的就是有限元数值分析法。有限元法是将研究对象离散为有限个在结点相联结的单元，建立单元刚度矩阵，利用能量变分原理集合形成总刚度矩阵，最后结合初始条件及边界条件进行求解。它的理论来源于弹性理论，它仍然使用平衡条件、相容条件、边界条件及材料的弹性性质，但有限元法克服和弥补经典极限分析法只适用于均质材料的不足，可方便地处理岩体非均质问题。弹塑性极限平衡分析法中以屈服区从坡脚到坡顶的贯通来表征极限平衡状态的到达，极限分析有限元法就是采用有限元数值分析方法进行边坡稳定状态的极限平衡分析。目前，极限分析有限元法采用有限元静力平衡方程组是否有解、有限元数值计算是否收敛作为土体是否破坏的判断依据。目前市场上已经开发出来了很多有限元商业分析软件，比如 ANSYS、SAP2000、ADINA、PLAXIS 等，我们可以用这些软件来求解弹性、弹塑性、黏塑性、流变问题、小变形、大变形问题以及其他非线性应力变形问题等。

目前，有限元分析法大致可以分为两大类：

（1）第一类是采用刚体极限平衡法原理分析有限元计算结果，这种方法可以称之为间接法，该方法与刚体极限平衡法的计算步骤一样，根据一定的安全系数定义方法来寻求最小安全系数和最危险滑动面。它与极限平衡法计算步骤相似。1985 年 Donald 和 Tan 提出了基于应力水平加权强度的安全系数定义法，综合考虑剪应力和应力水平两个因素。与极限平衡方法一样，在对安全系数的确定方法进行研究的同时，也有不少学者致力于研究寻求最小安全系数和最危险滑动面的方法。1995 年 Zou 等人通过有限元法获得的应力分布规律确定滑动面的范围和初始滑动面，然后利用动态规划的数值方法搜索最小安全系数及对应滑动面。2005 年河海大学殷宗泽、吕擎峰等人提出圆弧滑动有限元分析法，这种方法假定滑动面形状为圆弧形，有限元网格由一组同心圆作为纬线，一组竖向线为经线构成。对两相邻圆弧线所夹的弧形带分析滑动力和抗滑力，建立力矩平衡方程，求算所有滑动面的安全系数，其中最小安全系数对应的弧形带为可能的滑动带。

（2）第二类方法是直接法，这种方法直接使用有限元方法，通过不断降低边坡岩土体强度或增加岩土体的自重使边坡岩土体达到临界状态，得到边坡的安全系数。采用这类方法无须事先假定滑动面的形状和位置，通过不断降低岩土体的强度或增加岩土体的自重，破坏将会直接发生在边坡岩土体抗剪强度不能抵抗剪应力的位置，从而得到最危险滑动面及相应的安全系数。这两种方法分别称之为有限元强度折减法和有限元容重增加法，而在边坡稳定性分析中应用较多的则是有限元强度折减法。

1）有限元强度折减法

2002年郑颖人、赵尚毅等通过比较了毕肖普法和强度折减法的安全系数的定义，认为两者安全系数具有相同的物理意义，强度折减法在本质上与传统方法是一致的。采用强度折减法分析边坡稳定时，通常将C、φ值同时除以折减系数进行折减，即采用等比例强度折减的方法。国内外试验研究的结果证明，φ值较稳定，波动较小，而C值受外界因素影响较大，不够稳定，波动较大，因此把C、φ值同等看待并按等比例强度折减，显然是不够合理，也不符合实际的，而采用不等比例强度折减则较合理且符合实际，不等比例强度折减中的不等比例如何选用又是一个值得研究解决的课题。

陆述远、常晓林等在重力坝坝基稳定分析中采用等保证率法，即按等保证率选取C、φ值，随着保证率的增大，C、φ值逐渐降低，得到两个不同的折减系数K_c和K_φ值，随着K_c和K_φ值逐渐增大，引起坝体从局部到整体的渐进破坏。但不等比例强度折减方法分析边坡稳定仍然存在诸如C、φ值按何种不同比例折减、如何根据两个不同折减系数K_c和K_φ值来评价边坡的稳定性等一系列的问题，这些问题还有待进一步研究。

2）容重增加有限元法

假定岩土体的抗剪强度指标C、φ值不变，逐步增加重力加速度g，反复进行有限元分析计算，直至边坡达到临界破坏状态，安全系数就是破坏时所采用的重力加速度g_{limit}与实际重力加速度g_0之比值。即：$fs=g_{\text{limit}}/g_0$。1990年Chen和Mizun采用容重增加有限元法分析了黏性土质边坡的稳定性。1998年Swan和Seo在此基础上进行了比较系统的研究，对于摩擦角较大的平缓边坡应用容重增加有限元法分析时应该注意的是，容重增加时土体中的平均正应力比剪应力增长得更快，因此土体强度增长会超过剪应力增长速度，这会使得土体可能不会发生破坏。

4. 三维边坡稳定性分析方法

三维极限平衡法是在传统的二维极限平衡法的基础上发展起来的，在V型冲沟超高路堤稳定性分析中应用较少，目前常见的是在水利水电工程中应用，在V型冲沟超高路堤稳定性分析中采用三维稳定分析方法显然很有必要。

有关边坡稳定三维极限平衡法，Duncan在1996年总结了自1969年以来的20多篇文献资料，列表举出了各种方法的特点和适用条件，其中有些方法是二维方法的扩展，并且也需引入大量的假设，还有一定的局限性。虽然我国的研究起步稍微晚一些，但是后来的研究也推动了这个领域的发展。

2001年，陈祖煜、弥宏亮和汪小刚提出了三维极限平衡分析方法，这一方法理论基础更加严密、计算步骤相对简单，而且收敛性较好。此方法假设条件和以往的方法相比明显偏少，陈祖煜院士将该方法与三维边坡稳定分析上限解法同时使用，指导完成了三峡、小湾等水利水电工程问题。

2007 年，张常亮建立了边坡三维极限平衡法的通用形式，它们分别是基于力平衡和力矩平衡求解稳定系数的统一公式，给定不同的假设可以推导出传统模型的解析表达式，即三维普通条分法（Hovland）、三维简化简布法、三维简化毕肖普法、三维斯宾塞法（陈祖煜）、三维萨尔玛法（李同录）。这一成果使计算机编程变得更加方便，避免了传统的条柱法需要人为划分条柱，提高了计算精度。

近几十年来，随着三维极限平衡分析方法的发展，国外许多学者相继推导出了三维极限平衡法稳定安全系数的计算模型和计算公式，并且对边坡工程实例进行验算，由于所采用的方法不同产生两种结果：一方面二维分析得到的安全系数比三维高（Hovland，Chen and Chameau，Seed et al.）；另一方面三维分析得到的安全系数比二维高（Baligh and Azzouz 1975，Giger and Krizek 1975，Leshchinsky et al. 1985，Gens et al. 1988，Leshchinsky and Huang）。Hovland 考虑侧向约束为零导致了错误的结果，Ugai（1988）验证了 Chen and Chameau 方法计算出结果是错误的。

陈祖煜采用三维斯宾塞法的理论对洪家渡水电站溢洪道进口边坡进行了三维分析，使用最优化方法获得安全系数为 2.08，而采用二维斯宾塞法获得最优化方法安全系数为 1.43，这一结论说明了考虑三维效应后，安全系数会有明显提高。

李同录、王艳霞等采用三维萨尔玛法对一简单边坡模型进行稳定性计算，对比了其他三维极限平衡法，发现当滑体的宽度与长度远远大于沿滑动方向的长度时，安全系数逐渐变小；当横向宽度与长度比值大于 2 时，安全系数逐渐变缓，在此比值大于 4 以后，安全系数几乎不再变化，此时三维边坡稳定问题接近于二维平面问题。这也说明了当横向宽度与长度比值小于 2 时，若将边坡简化成二维平面问题，那么边坡稳定性分析没有考虑三维效应，安全系数会偏小，偏小的程度与横向宽度与长度比取值大小密切相关。

一般地说，若某种边坡稳定分析方法计算出的三维安全系数高于二维的，那么该边坡稳定分析方法要精确一些，相反那些不精确的方法是由于过于简单化假定或者方法本身有错误所导致的。

丁静声、吴国雄等结合强度折减原理，利用三维有限元方法分别对不同的岸坡坡度、沟底宽度和沟底纵坡条件下冲沟路基进行稳定系数的计算，计算结果表明冲沟路基稳定性存在明显的三维效应问题，两岸的坡度越陡、沟底越窄对路基的稳定就越有利，过陡的沟底纵坡不利于路基的稳定。因此，评价冲沟路基稳定性时应适当考虑三维效应的影响。

刘先义、曾德云、陈东涛针对侧岸约束下高填路基稳定性问题，分别采用二维极限平衡斯宾塞法和二维有限元强度折减法对其安全系数进行计算，结果表明有限元强度折减法可以替代斯宾塞法。建立侧岸约束条件下高填路基实体模型，采用有限元强度折减法计算不同冲沟岸坡坡度的三维安全系数与斯宾塞法的二维安全系数进行比较，通过回归分析求得侧岸约束下高填方边坡稳定性三维效应系数。

1.2.2 多级边坡车辆荷载作用下超高边坡稳定性研究现状

当前国内外已经有不少学者对高边坡的稳定性做了相关研究，如：Jin. J. Het 采用有限元分析法，建立了路基沉降的黏塑性数学计算模型，进一步分析了路基的变形；Liu. N. et. 采用弹性理论分析结合可靠度的途径，计算出路基的变形。长安大学谢永利等采用极限平衡理论以及模糊数学的评价方法，调查了多条实际公路的现场资料，分析得出影响高路堤稳定性的各种因素及其影响程度，还提出了一些改善施工的措施；湖南大学王贻荪等人通过对广西南丹“六寨—水任”公路高填方路堤施工期沉降观测资料及竣工后的长期沉降观测资料的分析，总结出计算和预测高填方路基工后沉降的方法；福州大学姚环等对战备公路（“永安—漳平”）进行了研究，分别利用极限平衡和有限元方法建立了路基稳定性分析的数学计算模型。西北大学王家鼎也利用有限分析法元对采用黄土做填料的高填方路堤的稳定性进行分析，并得到了较好的结果。

2008 年，本人指导的硕士研究生张春笋同学对多级边坡车辆荷载作用下高填方边坡的稳定性进行了研究：通过改变高路堤边坡的高度和坡度，分别利用传统条分法和有限元强度折减法，研究了不同高度和不同坡度的条件下，边坡车辆荷载对该边坡稳定性的影响；得出的结论是：车辆荷载作用在坡顶对边坡稳定性的影响小于车辆荷载作用在边坡护坡道上对边坡影响；超高填方边坡在整体失稳前一般可能会先产生局部失稳。

2011 年 12 月，本课题组成员丁静声研究了 V 型冲沟的多级多向荷载作用下的超高边坡稳定性问题。针对山区高速公路路线布线的特点，得到了不同车辆荷载作用方式下多级高填路堤稳定性的变化规律，研究表明，相对于体量巨大的高填路堤填料自重，车辆荷载对路堤稳定性的影响是有限的，但也不能完全忽视。

经查阅国内外诸多文献，目前，虽然对普通高路堤边坡稳定性有一定的研究。但是针对存在多级边坡车辆荷载的超高路堤的研究，特别是采用巴东组地质公路隧道洞渣为填料、填方高差达 83m，路堤的边坡上有车辆荷载的作用的超高路堤稳定性研究，除本课题组的组员的进行探索性研究以外，还未见报道。

1.2.3 变幅水位作用下边坡稳定性研究现状

国内外已经有学者对变幅水位下的边坡稳定性进行了相关的研究：1963 年，Morgenstern 假定不考虑孔压消散的影响，采用极限平衡法研究了变幅水位对均质边坡的安全系数的影响。分析表明：边坡的稳定性安全系数随着变幅水位的上升而增加。1987 年，Fredlund 将非饱和土壤水运动理论与非饱和土固结理论相结合，得到了“饱和－非饱”和渗流控制方程，并进行了算例分析，GEO—SLOPE 系列软件就是以他的理论为原理来考虑土壤的非饱和特性。陈平、张有天等人以裂隙渗流理论、变形本构关系为基础，采用岩体渗流与应力耦合分析的方法，分析了重力坝的基础的裂隙岩体二维流固耦合性。1977 年 Desai、1978 年 Cousins、以及 1997 年陈守义等人分别基于极限平衡法在考虑渗透力作用下，研究了变幅水位对边坡稳定性产生的不良的影响。

2002 年，国内学者吴俊杰等揭示了基质吸力对边坡稳定起到重要作用。杨志锡、杨林德考虑到岩土体的不均质性以及土体的地质沉积作用，他们将饱和土体视为均质、连续的各向异性弹塑性多孔介质，采用“虚位移原理”计算并得到饱和土体内各向异性的渗流直接耦合计算公式。2004 年，沈珠江等提出非饱和土简化固结理论，该理论可以用于模拟膨胀土渠道边坡降雨入渗过程，并能全面反映边坡在入渗过程中有效应力降低、土体膨胀回弹及水平位移的全过程。2006 年，王继华首次详细推导了降雨入渗引起土坡中三维“饱和—非饱和”渗流场控制方程与边界条件类型与选择，综合分析了饱和带和非饱和带情形。提出库水位骤降时，主要影响来源于孔隙水的滞后排除产生的高孔隙压力以及指向路堤以外的动水压力。2004 年，时卫民、郑颖人等根据 Boussinesq 非稳定流微分方程，得到了库水位下降时坡体内浸润线的简化计算公式，推导了土条周边水压力与渗透力的关系以及安全系数的计算公式，认为安全系数与渗透力和土条浮重有关。2005 年，夏麾和刘金龙假定坡体孔隙水水位为水平线且不考虑渗透作用影响研究了变幅水位的变幅快慢对边坡安全系数的影响。杨建荣等以某水库的边坡为例，结合 Boussinesq 方程，得出在变幅水位的影响下，边坡的稳定性安全系数随着蓄水高程的降低而减小的结论。2006 年，刘建军等对龙滩水电站蓄水前后左岸进水口高边坡的地下水各种渗流情况进行了数值模拟，并采用有限元数值分析的方法研究了库水位对边坡地下水渗流的影响程度。黄茂松等综合分析了非饱和、非稳定渗流的极限平衡法和位移有限元法两种分析方法；谢云、陈正汉等考虑水位快速升降、降雨入渗以及自然蒸发等可能工况下，研究了膨胀土坝体渗流的情况，得出水位快速下降会导致边坡安全系数降低的结论。2009 年，徐文杰、王立朝等人采用大型 3D 有限差分工具，研究了库水位变幅作用下，某个大型土石混填高边坡的流固耦合特性及其稳定性。

2011 年 4 月本课题组组员陈麟同学对水因素作用下 V 形冲沟超高路堤边坡稳定性进行研究，研究表明：降雨持续时间较短时，降雨的强度不容易影响浸水路堤的稳定性。但是强度大、持续时间长的降雨会使边坡稳定性急剧下降，比如：强度为 300mm/d、持续时间为 5d 的降雨会使路堤的安全储备降低约 45%。

1.3 主要研究内容、方法与技术路线

1.3.1 主要研究内容

本书主要研究巴东组地质条件下多级边坡车辆荷载及变幅水位作用下的超高填方边坡的稳定性问题。首先通过室内试验，研究得到巴东组地质填料的主要计算参数，然后借助大型有限元 ANSYS 分析软件以及专门的岩土工程软件 GEO-SLOPE 分别对高路堤的稳定性和多级边坡车辆荷载作用下高路堤的稳定性进行对比研究，采用 FLAC 软件对变幅水位作用下的边坡稳定性进行了研究，最后采用大型离心试验进行验证。

研究时，上述研究内容又分解为“多级边坡车辆荷载作用下高填方路堤边坡稳定性研究”“地震作用下超高路堤边坡稳定性研究”“水因素作用下 V 形冲沟超高路堤边坡稳定性研究”等子课题，分别由作者指导的硕士研究生或吴国雄教授指导的多位硕士研究生组成课题组，协同研究，历时 5 年多。

1.3.2 研究思路及技术路线

1. 首先到工程现场取样，进行室内试验，分析巴东组隧道洞渣填料的各项物理力学性质，得到填料的密度，黏聚力及内摩擦角等计算参数。

2. 选用极限平衡法，借助专业岩土软件 GEO-SLOPE 对多级边坡车辆荷载作用下的超高路堤边坡的稳定性进行分析。将车辆荷载等效为当量土柱高度以及等效为均布荷载两种模式，分别分析它们对边坡稳定性的影响有何不同，进而确定一种较合理的车辆荷载处理方式；假定不同高度和不同坡度的边坡，研究边坡车辆荷载对该边坡稳定性影响的变化。

3. 借助大型有限元分析软件 ANSYS，采用有限元强度折减法，对多级边坡车辆荷载作用下的高路堤的稳定性进行分析，假定不同高度和不同坡度的边坡，研究边坡车辆荷载对该边坡稳定性影响的变化，并与极限平衡法方法计算得出的结果进行对比。

4. 研究变幅水位条件下超高路堤边坡稳定性变化及变形规律。

5. 选取两个典型断面，制作断面试件，采用大型离心试验，对高填方路堤的稳定性进行试验，测量试验的断面位移，并与有限元分析方法得到的结果进行对比。

研究技术路线图如图 1-2 所示。

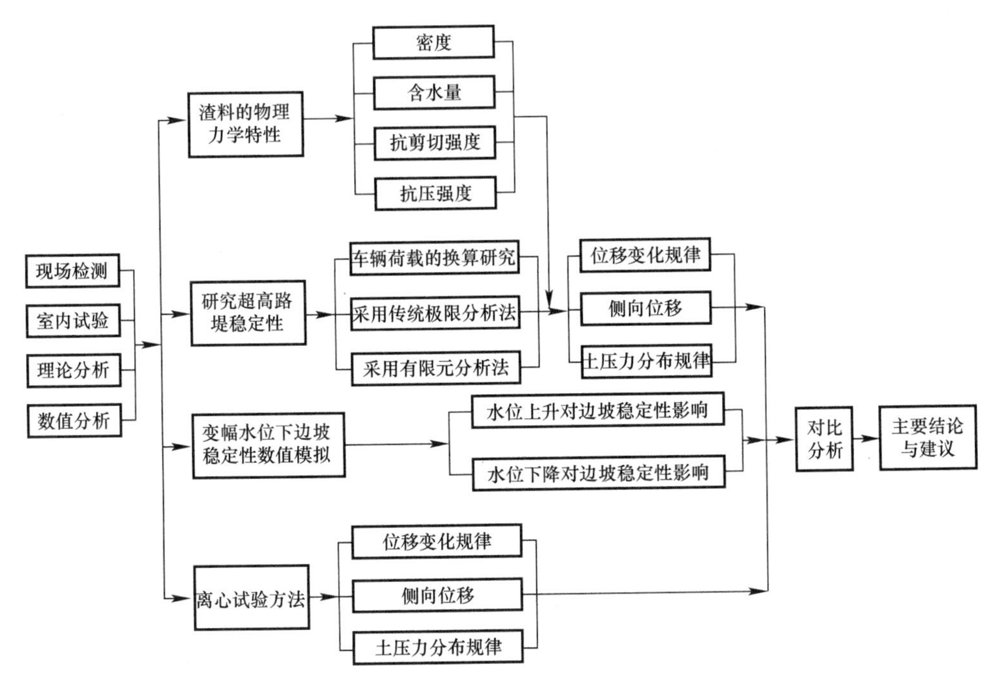

图 1-2　研究技术路线图

Figure 1-2　Technology route of research

第2章　依托工程背景及路堤填料性能研究

2.1　依托工程背景概述

本书以长江学者和创新团队发展计划资助（IRT1045）以及重庆市科技项目《多重荷载作用下巴东组泥灰岩填料超高填方路堤稳定性及支护结构研究》为依托，该课题是重庆高速公路集团有限公司渝东建设分公司、重庆交通大学、长安大学、重庆交通规划勘察设计院联合承担的。该课题以杭兰线重庆奉节至云阳高速公路（国家重点高速公路建设项目）奉节东立交处超高填方＋挡土墙为研究对象。奉节东立交位于重庆市奉节县城的东边，是沪蓉高速公路在奉节县城重要的交通出入道口之一。

奉节东立交位于财神梁隧道洞口，洞口外紧邻梅溪河，是一个V形冲沟。因为隧道洞渣属于巴东组地质，且冲沟外邻长江支流梅溪河，采用该洞渣填筑的高路堤受到长江变幅水位的影响。图1-1是V形冲沟的地形平面图，该处地形相当陡峻复杂，立交范围内一条深约80m的V形冲沟，冲沟顶宽125m，底宽约20m，立交前后紧邻财神梁隧道与梅溪河特大桥。受地形地物限制，奉节东立交的匝道布线十分困难，匝道A、C、D以及渝巴二级路都要布设在该冲沟的高填方区，该填方区域最大填方高差达到83m，平均填方高度35m，总方量为133万m^3。在同一超高边坡上，需要同时布设几个匝道、机耕道等多级边坡车辆荷载。

为了保证该路堤的稳定性及抵抗洪水冲刷，课题组提出了一系列工程技术措施：在冲沟末端、填方坡脚、临近梅溪河入口处修筑一个约28m高的重力式挡土墙，挡土墙采用锚杆和锚索与基岩锚固。该挡土墙基础采用桩、承台基础。沟心两侧采用现浇桩板式挡土墙结构。挡土墙墙背路堤填料采用巴东组地质隧道洞渣。路堤外侧的变幅水位作用对巴东组地质填料条件下的超高路堤稳定性有重要影响。除了在施工时注意施工质量，如挖除表层软土、顺沟向挖台阶、分层填筑压实、设置排水盲沟等以外，还应在以下几方面增加一些辅助工程措施：

1. 护面工程措施

雨水的大量渗入将增大路堤边坡填料的饱水容重，增大下滑力，同时表层填料吸水后含水量增大，导致基质吸力减小，致抗滑力（抗剪强度）降低，引起浅表层局部失稳。可采取工程加固与坡面绿化结合进行，或采用香根草等生态护坡技术。在强风化的地区可以采取喷浆、拱形骨架护坡、抹面、浆砌实体护面等工程措施处理。

2. 排水工程措施

在设计和施工时，应该结合地形设置好地面排水设施和地下排水设施。完善的排水设施，可以快速排出库水和坡体内的水位差，降低水位骤降对路堤安全性的影响。在沟心底部和边缘两个断面可设置级配碎石加中粗砂的盲沟，及时排除地下水。

3. 防冲刷工程措施

为减少变幅库水位对临河挡土墙、边坡产生冲刷淘蚀效应，考虑设置防冲刷石笼网、水泥混凝土护脚等措施。

超高边坡稳定性很大程度上受填料的影响，在路堤边坡的稳定性分析中，路堤填料的物理力学参数是计算必需的。本项目中超高边坡路堤的填料采用巴东组地质隧道洞渣，这些填料性能参数的准确性将直接影响到计算结果的可靠性。因此，有必要先对巴东组地质隧道洞渣的各项物理力学参数进行试验获取，这是本研究的基础。本书按《公路土工试验规程》JTG E40—2007 进行材料试验，获得了在边坡分析中必需的计算参数。这些试验主要包括击实试验、土的含水率试验、土的直接剪切试验和土的回填模量试验等等。下文对试验过程和结果简单介绍。

2.2 土的含水率及击实试验

含水率试验方法采用《公路土工试验规程》JTG E40—2007 烘干法。击实试验选择《公路土工试验规程》JTG E40—2007 中的重型击实试验方法。

1. 试验设备

含水量试验主要设备包括：电子天平、烘箱、干燥器、称量盒。击实试验主要设备包括：标准击实仪（主要参数见表 2-2）、烘箱、电子天平（感量 0.01g）、电子天平（感量 0.5g）、土铲、量筒、修土刀、直尺、拌合盘、喷水设备、脱模器等。

2. 土的含水率试验

采取以下步骤：

（1）取具有代表性的巴东组地质填料试样 50g 左右，放入称量盒内，盖好盒盖子，用电子天平称其质量（m）。（2）揭开盒盖，将试样与盒子放入烘箱内，在温度 105～110℃的恒温下烘干。烘干的标准时间为 8h。（3）将烘干后的试样和盒取出，放入干燥器内进行冷却，冷却时间为半个小时。冷却后盖好盖子，称得其质量（m_s），准确到0.1g。

按照下式计算试验的含水率：

$$w=\frac{m-m_s}{m_s}\times 100 \tag{2-1}$$

式中 w——含水率，%；

m_s——干土质量，g；

m——湿土质量，g。

试验数据及按照式（2-1）计算的结果列于表2-1中。

含水率试验数据及计算结果 **表2-1**

Test data and results **Table 2-1**

盒号	盒质量(g)	盒+湿土重(g)	盒+干土重(g)	水分重(g)	干土重(g)	含水率	平均含水率
1	20	52.13	51.87	0.26	31.87	0.82%	0.81%
2	20	50.19	49.95	0.24	29.95	0.80%	

3. 土的击实试验

击实试验采用的主要设备参数如表2-2。

击实试验的参数 **表2-2**

Parameters of compaction apparatus **Table 2-2**

锤底直径(cm)	锤质量(kg)	落高(cm)	试筒尺寸		试样尺寸		层数	每层击数	击实功(kJ/m^3)	最大粒径(mm)
			内径(cm)	高(cm)	高度(cm)	体积(cm^3)				
5	4.5	45	15.2	17	12	2177	3	98	2677.2	40

击实试验采取以下试验步骤：

（1）将从项目工地取回的巴东组地质填料土进行粉碎、筛分。由于本次试验从工地运回的土样基本都是大块的泥质页岩，为了适应室内试验的要求和满足后期离心机试验的要求，首先把土样粉碎，然后进行筛分。（2）取足量试验所需的土样置于拌和盘里，然后把土样平均分为五份。（3）按公式计算每份所需的水量，将分好的五份土样按1%含水量的递增量加入不同的水分，然后充分拌匀。（4）将拌和好的土样分别装入五个塑料袋中，闷料一夜备用。（5）将击实筒放在多功能自动击实仪上，在击实筒内壁、套筒内壁均匀涂抹凡士林，在垫块上放置一张蜡纸。（6）将准备好的土样分成三次加入击实筒，每层击实后约为土样高度的三分之一。每层土加完后，将表面整平，并稍加压紧。按照规定的击实次数对第一层土进行击实，击实时击锤为自由垂直下落，锤迹均匀分布于土样表面，第一层击实完成后，将试样表面“拉毛”，然后再加下一层土。重复上述操作对其余各层土进行击实。(7) 用修土刀沿套筒内壁削刮，使试样与套筒脱离后，扭动并取下套筒，齐筒顶细心削平试样，擦净筒外壁，拆除垫块，称量，准确值 1g。(8) 用推土器推出筒内试样，从试样中心取样测其含水率，测含水率的方法是按照本章 2.1 节中阐述的方法进行的，精确到 0.1%。(9) 结果整理。按照式 (2-2) 计算得到干密度；再以干密度为纵坐标，含水率为横坐标，绘制出干密度与含水率的关系曲线，曲线上峰值点的纵横坐标就是最大干密度和最佳含水率。

$$\rho_d = \frac{\rho}{1 + 0.01w} \tag{2-2}$$

式中 ρ_d——干密度，g/cm^3；

ρ——湿密度，g/cm^3；

w——含水率，%。

按照上述的试验步骤得到下列试验数据，根据有关计算公式得到表 2-3 和表 2-4。其中巴东地质填料土样的含水率等数据及结果见表 2-3。湿密度以及干密度的相关数据及结果见 2-4。

含水率试验数据及计算结果 **表 2-3**

Water content test data and results **Table 2-3**

试验次数	1		2		3		4		5	
盒重 (g)	124.8	98.2	175.2	142.8	96.3	186.6	116.6	132.6	110.7	190.4
湿土重 (g)	1261.4	987.5	1650.9	1182.8	1146.4	1447	1194.2	1454.6	1103.6	1123.6
盒+湿土 (g)	1386.2	1085.7	1826.1	1325.6	1242.7	1633.6	1310.8	1587.2	1214.3	1314
盒+干土 (g)	1350.6	1058.9	1718.3	1250.5	1188.4	1564.5	1243.3	1507.9	1171.3	1272.1
干土 (g)	1225.8	960.7	1543.1	1107.7	1092.1	1377.9	1126.7	1375.3	1060.6	1081.7
含水率	0.029	0.028	0.070	0.068	0.050	0.050	0.060	0.058	0.041	0.039
平均含水率	0.028		0.069		0.050		0.059		0.040	

干密度相关数据及结果 **表 2-4**

Dry density data and results **Table 2-4**

试验次数	1	2	3	4	5
桶+土重 (g)	9089	9403.5	9446	9560.5	9182
桶重 (g)	4614	4614.5	4616	4614	4613.5
土重 (g)	4475	4789	4785	4871.5	4568.5
桶体积 (cm^3)	2177	2177	2177	2177	2177
湿密度 (g/cm^3)	2.056	2.200	2.219	2.272	2.099
干密度 (g/cm^3)	1.999	2.058	2.113	2.146	2.019

从表 2-3 和表 2-4 的数据可以计算得到巴东组地质填料土样的含水率和对应的干密度，将计算结果汇总见表 2-5。根据表 2-5 中的数据，以含水率为横坐标，干密度为纵坐标，绘制出干密度和含水率的相关曲线图，从曲线图中我们求出土样的最大干密度以及最佳含水率。土样的含水率与其对应干密度的关系曲线如图 2-1 所示。

土样含水率和对应干密度表　　表 2-5

Water content and dry density table　　Table 2-5

试验次数	1	2	3	4	5
干密度（g/cm³）	1.999	2.058	2.113	2.146	2.019
含水率	0.029	0.069	0.050	0.059	0.040

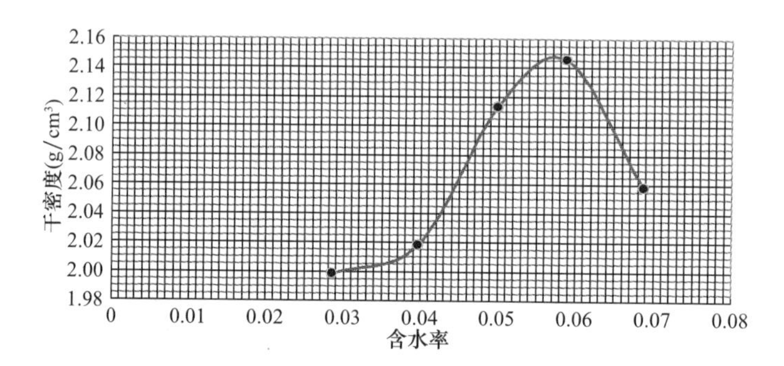

图 2-1　含水率与其对应干密度关系图

Figure 2-1　Relation curve of water content versus dry density

从图 2-1 中最高拐点可以读出巴东组地质填料土样的最佳含水率是 5.7%，其对应的最大干密度为 2.150g/cm³。

2.3　土的直接剪切及回弹模量试验

土的直剪试验是根据库伦定律得来的。1776 年，库伦通过一系列砂土的摩擦试验，最后总结得到土的抗剪强度规律。该试验主要目的是测量巴东组地质填料在最佳含水率情况下，达到 100%压实度时的土体抗剪强度指标。

1. 试验仪器设备

直接剪切试验主要设备包括：土样制备所需设备以及应变控制式直剪仪（含剪切传动装置、剪切盒、测力计、垂直加载设备和位移测量仪器），如图 2-2 所示。

图 2-2　应变控制式直剪仪

Figure 2-2　Direct shear apparatus

土的回弹模量试验主要设备包括：试筒、液压压力机如图 2-3 所示、杠杆压力仪如图 2-4 所示、承载板、量筒、拌和盘、秒表 1 只、千分表（2 块）。

图 2-3　压力机

Figure 2-3　Hydraulic pressure machine

图 2-4　杠杆压力仪

Figure 2-4　Lever pressure instrument

2. 土的直接剪切试验

首先按下面方法制作试样：

（1）算出制作一个试样所需要的干土的质量。

（2）称量 4 份干土质量；依据前面测量得到的最佳含水率，量取 4 个试样所需水的体积。

（3）将上面称量的 4 份干土总量放入拌和盘中，用喷雾设备喷洒计算得到的加水量，平均分成四份，然后分别装入 4 个容器内，浸润 12 小时。

然后采取以下步骤进行试验：

（1）将剪切容器盒上下对齐，插入固定销，放入透水石。

（2）将试样倒入剪切容器内，放上硬木块，用手轻轻敲打，使试样达到预定干密度，取出硬木块，拂平土面。

（3）拔去固定销，进行剪切试验。每隔一定时间测记测力计百分表读数，直至剪损。

（4）当测力计百分表读数不变或后退时，继续剪切至剪切位移为 4mm 时停止，记下破坏值。

（5）剪切结束后，吸去盒内积水，退掉剪切力和垂直压力，移动压力框架，取出试样。

（6）试验结束后，顺次卸除垂直压力，加压框架、钢珠、传压板。清除试样，并擦洗干净，以备下次再用。

剪应力的计算式：

$$\tau = CR \tag{2-3}$$

式中　τ——剪应力（kPa）；

C——测力计校正系数（kPa/0.01mm），本次试验 C=1.91；

R——百分表读数。

土的直剪试验数据见表 2-6。查《奉节东立交设计说明》，该填料的黏聚力取为 5kPa，根据表中法向应力和抗剪强度的数据，并结合设计说明中关于巴东组地质矿渣的抗剪强度的说明，绘制出了抗剪强度与法向应力的关系图，如图 2-5 所示。

直剪试验数据（kPa）　　表 2-6

Direct shear test data（kPa）　　Table 2-6

法向应力 σ（kPa）	100	200	300	400
百分表读数(0.01mm)	49	76	116	155
抗剪强度 τ（kPa）	93.589	143.249	221.558	297.959

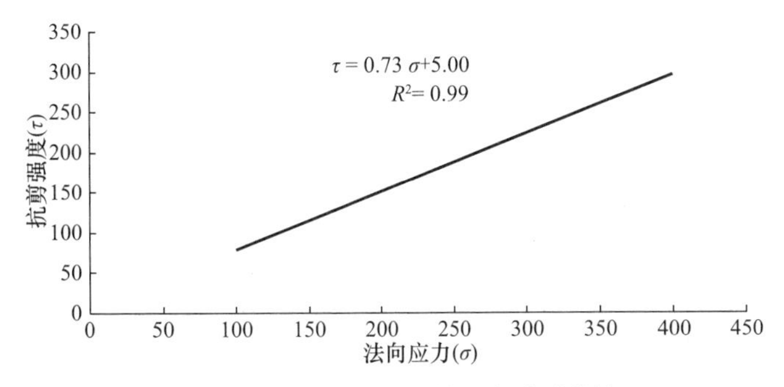

图 2-5　法向应力与抗剪强度关系曲线

Figure 2-5　Relation curve of normal stress and shear strength

图 2-5 中分析得到，法向应力与抗剪强度的线性相关系数 R 的平方为 0.99，这表明法向应力与抗剪强度两者间的相关性非常好。根据法向应力与抗剪强度的关系式 $\tau=0.73\sigma+5$，可以反算出巴东组地质矿渣的内摩擦角约为 36°，这与《奉节东立交设计说明》推断的 35°左右是统一的。

经过上述试验及图表分析，可以最终确定巴东组地质矿渣填料的抗剪强度指标黏聚力为 5kPa，内摩擦角为 36°。

3. 土的回弹模量试验

该试验的主要目的是得到本项目填料的回弹模量，试验原理是在规定的压力下，对试样进行加载和卸载，测定其对应的土体回弹变形量，然后绘制两者的相关曲线，得到回弹模量。一般而言，土的回弹模量试验有承载板法和强度仪法。本试验是采用的承载板法（杠杆压力仪法）。

首先将工程现场取回的巴东组地质填料按步骤制作试样：

(1) 通过试筒的体积计算出本次试验所需土的总质量→(2) 将足量的土样放入烘箱，在 105～110℃之间，将土样烘烤 8h→(3) 将烘烤过的土样取出，自然冷却→(4) 算出每个试样需要干土的质量，再根据最佳含水率，计算出需要添加多少水。分别称量干土质量和量取水的体积→(5) 将量取的水用喷雾设备喷到土中，边喷边拌和均匀，拌匀后装入容器内，浸润 8h 备用→(6) 在击实筒内壁、套筒内壁均匀地涂抹凡士林，把击实筒放置在坚硬的地面上，在垫块上面放一张蜡纸→(7) 把拌和均匀的土样分三次装入击实筒中，然后在击实筒的上面在放一块垫块，拿到压力机上静压成型（如图 2-6 所示）→(8) 重复上述步骤（5）～(7) 制作后面的试样。

图 2-6　静压成型图

Figure 2-6　Static compression model

然后按下面步骤进行试验：

（1）安装试样：将试件和试筒放在杠杆压力仪的底盘上，然后将承载板放置在试件中央并与加压球座对正；在立柱上固定好千分表，并放置好表的测头。

（2）预压、准备：在杠杆仪的加载架上施加砝码，采取预定的最大单位压力（P）进行预压两次，每次预压 1 分钟。预压后调整承载板，将千分表调到接近满量程的位置。

（3）测定回弹量：将预定最大单位压力（P）分成 5 个等级，作为每级加载时施加的压力。每级加载时间为 1 分钟，同时记录千分表读数；卸载，让试件恢复变形。卸载 1 分钟后，再次记录千分表读数，然后施加下一级荷载。如此逐级进行加载卸载，直至最后一级荷载，并记录千分表读数。

（4）数据整理

1）计算每级荷载的回弹变形 l：

$$l = \text{加载时的读数} - \text{卸载时的读数} \tag{2-4}$$

2）绘制 $p—l$ 曲线：以单位压力（p）为横坐标，回弹变形（l）为纵坐标。

3）按照下式计算得到每级荷载作用下的土体回弹模量：

$$E=\frac{\pi pD}{4l}(1-\mu^2) \tag{2-5}$$

式中 E——回弹模量（kPa）；

D——承载板直径（cm）；

μ——土的泊松比；

l——相应于单位压力的回弹变形（cm）；

P——承载板上的单位压力（kPa）。

从式（2-5）可以看出，为了求算土的回弹模量 E，还需要有土的泊松比。根据文献知，泊松比对边坡的安全系数几乎没有影响，只是对边坡的塑性区范围有一定的影响；因此根据《奉节东立交设计说明》及相关的经验数据，并且参考文献中的各种参数，将泊松比 μ 取为 0.3。

按照《公路土工试验规程》JTG E40—2007 的规定，本次需要做三组试验并得到三组试验数据，并求平均值。三个试验的相关数据、结果见表 2-7～表 2-9，关系曲线如图 2-5～图 2-7 所示。

第一组试验的试验数据及结果汇总见表 2-7，从表 2-7 中单位压力（p）和回弹变形（l）的试验数据，得出单位压力与回弹变形的关系曲线图，如图 2-7 所示。从图 2-7 中可以看出，单位压力与回弹变形的关系曲线与纵坐标的交点接近坐标原点，但是从相关关系式中可以看出，该关系曲线与纵坐标的交点应该在坐标原点以下 0.012 处相交。因此按照试验规程，将回弹变形的试验数据进行修正，修正后的结果见表 2-7。第二组试样（No.2）和第三组试样（No.3）也参照上面进行如此修正和计算，如图 2-8～图 2-9 所示结果见表 2-8～图 2-9。

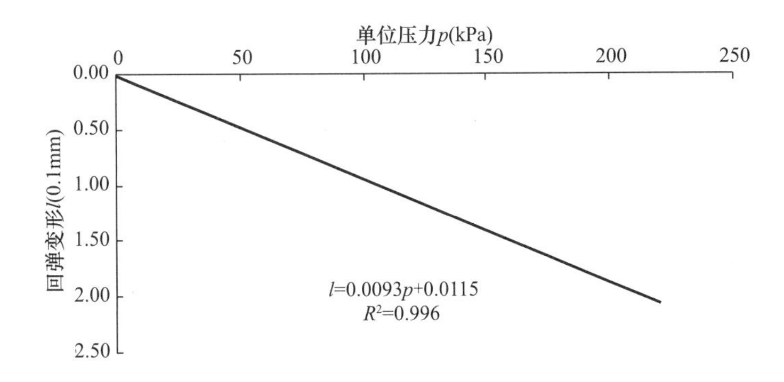

图 2-7 单位压力 p（kPa）与回弹变形 l（0.1mm）的关系曲线（No.1）

Figure 2-7 Relation curve of pressure（p）and rebound deformation（l）（No.1）

回弹模量 E 试验数据（No. 1） 表 2-7

Test data of modulus of resilience（No. 1） Table 2-7

加载级数	单位压力(kPa)	量表读数（0.1mm）						回弹变形（0.1mm）		回弹模量(kPa)
		加载			卸载					
		左	右	平均	左	右	平均	读数值	修正值	
1	44	78.15	13.90	46.03	78.59	14.34	46.47	0.44	0.43	36719
2	88	77.52	13.19	45.36	78.35	14.05	46.20	0.84	0.83	37733
3	132	77.02	12.65	44.84	78.23	13.87	46.05	1.22	1.20	39191
4	176	76.45	12.00	44.23	78.05	13.60	45.83	1.60	1.59	39586
5	220	75.82	11.22	43.52	77.95	13.32	45.64	2.12	2.10	37365

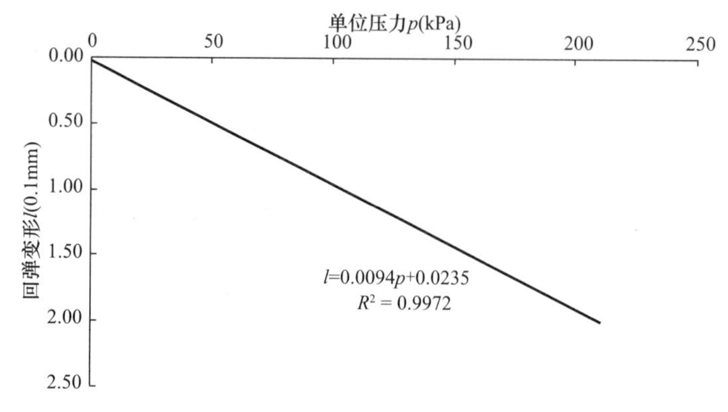

图 2-8 单位压力 p（kPa）与回弹变形 l（0.1mm）的关系曲线（No. 2）

Figure 2-8 Relation curve of pressure（p）and rebound deformation（l）（No. 2）

回弹模量试验数据（No. 2） 表 2-8

Test data of modulus of resilience（No. 2） Table 2-8

加载级数	单位压力(kPa)	量表读数（0.1mm）						回弹变形（0.1mm）		回弹模量(kPa)
		加载			卸载					
		左	右	平均	左	右	平均	读数值	修正值	
1	44	153.22	108.95	131.10	153.66	109.38	131.52	0.43	0.41	38709
2	88	152.53	108.19	130.36	153.34	109.12	131.22	0.88	0.85	36935
3	132	152.06	107.66	129.86	153.32	108.92	131.12	1.26	1.24	38145
4	176	151.51	107.06	129.27	153.15	108.64	130.90	1.62	1.60	39388
5	220	150.85	106.22	128.53	152.95	108.35	130.65	2.12	2.10	37490

将三组试验得出的数据进行平均，可以计算得到本项目巴东组地质隧道洞渣填料的回弹参数：回弹模量为 38065kPa。主要的数据及计算结果见表 2-10。

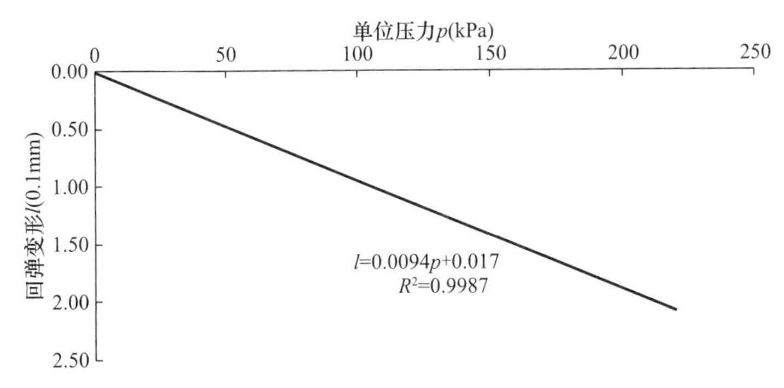

图 2-9　单位压力 p（kPa）与回弹变形 l（0.1mm）的关系曲线（No. 3）

Figure 2-9　Relation curve of pressure（p）and rebound deformation（l）（No. 3）

回弹模量 E 试验数据（No. 3）　　**表 2-9**

Test data of modulus of resilience（No. 3）　　**Table 2-9**

加载级数	单位压力（kPa）	量表读数（0.1mm）						回弹变形（0.1mm）		回弹模量（kPa）
		加载			卸载					
		左	右	平均	左	右	平均	读数值	修正值	
1	44	128.11	58.95	93.53	128.52	59.38	93.95	0.42	0.40	38997
2	88	127.52	58.19	92.86	128.34	59.12	93.73	0.88	0.86	36633
3	132	127.06	57.66	92.36	128.28	58.96	93.62	1.26	1.24	37930
4	176	126.53	57.05	91.79	128.15	58.72	93.44	1.65	1.63	38614
5	220	125.95	56.21	91.08	128.05	58.33	93.19	2.11	2.09	37543

回弹模量平均值（kPa）　　**表 2-10**

Average result of modulus of resilience（kPa）　　**Table 2-10**

试验组数	1	2	3	4	5	试验结果	平均值
第一组试验	36718.94	37732.76	39191.27	39586.15	37364.95	38119	38065
第二组试验	38708.62	36934.66	38144.89	39387.71	37489.73	38133	
第三组试验	38996.78	36633.34	37930.09	38613.52	37543.49	37943	

2.4　岩土填料的本构关系描述

本构关系，又称本构模型（mathematical model）或本构定律（constitutive relationship）或本构方程（constitutive equation），也就是反映材料力学性质的数学函数式，表示形式一般为“应力-应变-强度-时间”的关系。最常见、最直观的本构模型就是虎克定律，它是假定材料的“应力-应变”关系是线弹性的。由于土是多相散状体，土颗粒之间只有很薄弱的相互联系。这种土颗粒之间存在的相互联系才能够形成土体强度，所以土力学中的本构模型也变得相对较为复杂。目前，弹性本构关系、弹塑性本构关系和塑性本构关系是我们常见的三种土力学中的本构关系。具体来讲，在边坡分析中通常使用的本构模型有线弹性模型、邓肯-张双曲线模型、节理化模型、德鲁克普拉模型、摩尔-库伦和 Cambridge 模型等。

在边坡分析中，一般使用“摩尔-库伦模型”。在本项目背景中，超高路堤的填料采用西部山区常见的巴东组地质为填料，填料的本构关系也采用“摩尔-库伦模型”。在 FLAC 分析软件中，摩尔-库伦的实现用到了主应力 σ_1、σ_2、σ_3 和外平面外应力 σ_{zz}。主应力和主方向从应力张量分量计算（压应力为负）。

$$\sigma_1 \leqslant \sigma_2 \leqslant \sigma_3 \tag{2-6}$$

相应的主应变增量 Δe_1、Δe_2、Δe_3 分解为（上标 e 和 P 在这里分别用来指代弹性和塑性部分，只有在塑性流动阶段，塑性分量不为零）。

$$\Delta e_i = \Delta e_i^e + \Delta e_i^p \quad i = 1,3 \tag{2-7}$$

在胡克定律中，其主应力和主应变的增量可以表示为：

$$\left.\begin{aligned}\Delta\sigma_1 &= a_1\Delta e_1^e + a_2(\Delta e_2^e + \Delta e_3^e)\\ \Delta\sigma_2 &= a_1\Delta e_2^e + a_2(\Delta e_1^e + \Delta e_3^e)\\ \Delta\sigma_3 &= a_1\Delta e_3^e + a_2(\Delta e_1^e + \Delta e_2^e)\end{aligned}\right\} \tag{2-8}$$

式中 $a_1=K+(4/3)G$，$a_2=K-(2/3)G$。

摩尔-库伦屈服面如图 2-10 所示。

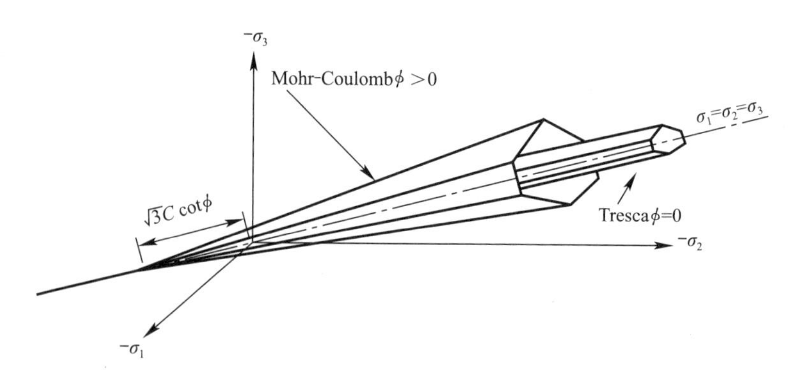

图 2-10 摩尔-库伦屈服面与 Treasca 屈服面比较图

Figure 2-10 Mohr-Coulomb yield surface compared with Treasca yield surface

根据摩尔-库伦屈服函数确定的从 A 到 B 的破坏包络线函数为：

$$f^s = \sigma_1 - \sigma_3 N_\phi + 2c\sqrt{N_\phi} \tag{2-9}$$

拉应力屈服函数的表达式如下：

$$f^t = \sigma^t - \sigma_3 \tag{2-10}$$

式中　ϕ表示摩擦角，C表示黏聚力，σ^t表示抗拉强度。

$$N_\phi = \frac{1+\sin\phi}{1-\sin\phi} \tag{2-11}$$

材料的强度不能超过最大值，最大值$\sigma^t_{\max}$的定义如下：

$$\sigma^t_{\max} = \frac{c}{\tan\phi} \tag{2-12}$$

剪切势函数g^s对应于拉应力破坏的相关流动法则，其表达式如下：

$$g^s = \sigma_1 - \sigma_3 N_\phi,\quad N_\phi = \frac{1+\sin\psi}{1-\sin\psi} \tag{2-13}$$

ψ表示岩土材料的剪胀角，势函数g^t对应于拉应力破坏的相关联流动法则，其表达式如下：

$$g^t = -\sigma_3 \tag{2-14}$$

2.5　本章小结

本章完成了对西部山区常见的巴东组地质条件下，超高路堤填筑所采用的隧道洞渣的室内试验，经过试验，并且结合现有文献，得到了本项目填料的计算参数，现将其汇总见表2-11。

填料的室内试验结果（kPa）　　**表2-11**

Indoor experimental results（kPa）　　**Table 2-11**

重度	黏聚力c	内摩擦角	回弹模量	泊松比
21.5（kN/m^3）	5.0（kPa）	36°	38065（kPa）	0.3

第3章　多级边坡车辆荷载作用下超高边坡稳定性分析

虽然目前已经有多种定量分析方法用于边坡稳定性计算，但是，在实际工程中，采用条分的基本思想的极限平衡法仍然是应用最广泛、使用最方便的一种方法。极限平衡法是假定边坡处于极限平衡状态，通过搜索最危险的潜在滑动面并计算相应的最小安全系数。无论是早期的瑞典圆弧法，还是发展到后来适用于圆弧滑裂面的毕肖普方法，再到适用于各种滑坡面形状、全面满足静力平衡条件的摩根斯坦-普赖斯方法，极限平衡法的体系已经越来越完善了。

3.1　基于极限平衡理论的超高边坡稳定性分析

经典极限平衡法又叫“瑞典条分法”，它将土坡的稳定性问题假定为二维平面问题，将破坏滑裂面假定为圆弧，计算中不需要考虑土条之间的相互摩擦力等作用力，用滑裂面上全部抗滑力矩与滑动力矩之比来定义土坡稳定性安全系数。

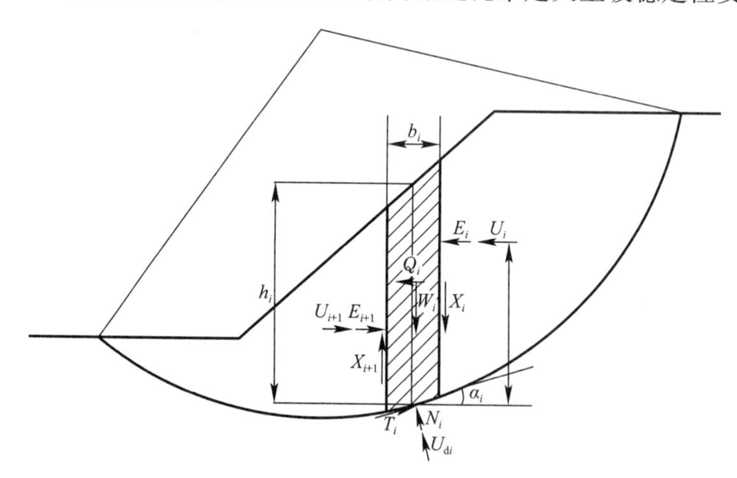

图3-1　作用于土条上的各种力

Figure 3-1　The various forces effect on the soil section

无论计算中采用何种假定，采用极限平衡法求得的边坡稳定性系数应大体一致，条分法在计算时都做的假定如下：

（1）假定了滑动面是某一具体的形状。

（2）假定土条是刚塑性体。

（3）整个滑面上的安全系数均是相同的值。

（4）凡是位于滑动面上的均同时达到极限状态。

（5）滑面上的抗剪强度采用了“摩尔-库伦”准则。

1954年，简布在传统的瑞典条分法基础上，提出了简布简化法，简化简布法仅满足所有水平力的平衡，所有的力矩平衡是不能满足的。1955年，毕肖普（A. W. Bishop）教授在1955年伦敦皇家学院提出一种计算方法，该方法考虑了土侧相互的法向力，不考虑土侧相互的切向力。毕肖普教授通过取垂直方向上的力的平衡，得出了一个对土条底面法线方向的方程，简称毕肖普法。毕肖普法明确了边坡稳定安全系数，使毕肖普法在目前的工程界中成为使用最普遍的方法之一。

20世纪70年代，非饱和土力学之父Fredlund在广泛研究的基础上，提出广义平衡法（简称GLE），广义平衡法基于考虑弯矩平衡和水平力平衡的两个安全系数方程，并对条间切向力与法向力做了一定的假设。1967年，斯宾塞等人又提出同时考虑水平力和力矩平衡的想法。在广义平衡法中条间剪力是通过方程摩根斯坦-普赖斯（1965）给出的方程处理的：

$$X = E\lambda f(x) \tag{3-1}$$

式中　$f(x)$ 为函数，λ 为函数的使用率，X 代表条间作用剪力 E 代表条间作用的法向力。

GLE法中考虑弯矩平衡的安全系数方程如下：

$$F_m = \frac{\sum(c'\beta R + (N - u\beta)R\tan\phi')}{\sum Wx - \sum Nf \pm \sum Dd} \tag{3-2}$$

得到考虑力学平衡的安全系数方程式：

$$F_f = \frac{\sum(c'\beta\cos(\alpha) + (N - u\beta)\tan\phi'\cos a)}{\sum N\sin a - \sum D\cos\omega} \tag{3-3}$$

式中　c'——有效黏聚力；

W——条块质量；

ϕ'——有效的摩擦角；

u——孔隙间水压力；

N——条块底部的法向力；

α——土体底部倾斜角；

β，R，x，f，d，ω——多个几何参数；

D——线荷载。

在上述的两个方程中都有一个重要变量 N，即各土条底部的法向力，它表示所有竖向力（vertical）的总和，这样就满足了竖向力的平衡，底部法向力的定义为：

$$N=\frac{W+(X_R-X_L)-\dfrac{c'\beta\sin a\tan\phi'}{F}}{\cos a+\dfrac{\sin a\tan\phi'}{F}} \tag{3-4}$$

当 N 已除力矩安全系数时，F 即为 F_m，当 N 已除水平力的安全系数时，F 即为 F_f。边坡稳定分析时，经常把分母项简称为 m_α。土条底部的法向力取决于土条相互之间的两侧作用的 X_R 和 X_L，这一点很重要，该力大小也就会随着采用的求解方法而变化。

3.1.1 各种极限平衡法对比分析

1. 瑞典圆弧滑动法

瑞典圆弧滑动法是条分法中最古老、最直观的方法。瑞典法假定滑裂面是圆弧状，且不考虑土条两侧的作用力，也即假设 E_i 和 X_i 的合力等于 E_{i+1} 和 X_{i+1} 的合力，同时认为它们的作用线也重合，因此土条两侧的作用力相互抵消。该方法采用力矩安全系数的定义，即把安全系数定义为每一土条在滑裂面上所能提供的抗滑力之和与外荷载及滑动土体在滑裂面上所产生的滑动力矩和之比。瑞典法中土条的受力简图如图 3-2 所示。

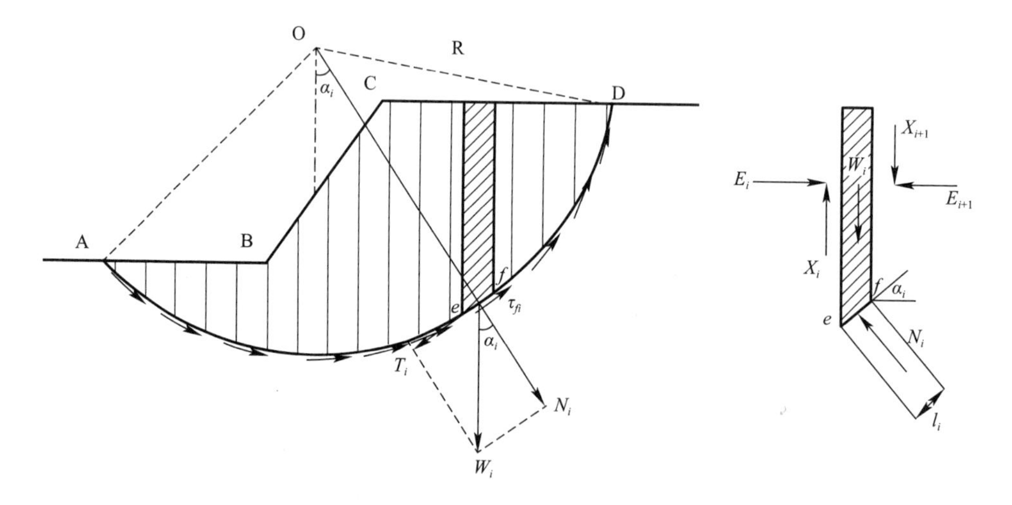

图 3-2　瑞典圆弧滑动法

Figure 3-2　Sweden slice method

如图 3-2 所示土坡及其中任一土条 i 上的作用力。土条滑动面 ef 的弧长为 l_i，滑动面 ef 上的总法向力 N_i 及切向反力 T_i，土条底部的坡脚 a_i，滑动面的圆弧半径为 R。假定土体达到极限状态，根据摩尔-库伦准则，滑动面 AD 上的平均抗剪强度为：

$$\tau_f = c' + (\sigma - u)\tan\varphi' \tag{3-5}$$

式中 σ——法向总应力；

u——空隙应力；

c'——滑动面上的有效黏聚力；

φ'——滑动面上的内摩擦角。

根据平衡条件可得：

$$T_i = W_i \sin a_i \tag{3-6}$$

$$N_i = W_i \cos a_i \tag{3-7}$$

则滑动面 ef 上的抗剪强度为：

$$\begin{aligned}\tau_{fi} &= c'_i + (\sigma_i - u_i)\tan\varphi'_i = \frac{1}{l_i}[c'_i l_i + (N_i - u_i l_i)\tan\varphi'_i] \\ &= \frac{1}{l_i}[c'_i l_i + (W_i \cos a_i - u_i l_i)\tan\varphi'_i]\end{aligned} \tag{3-8}$$

式中 a_i——土条 i 滑动面的法线与竖直线的夹角（土条底部坡脚）；

l_i——土条 i 滑动面 ef 弧长；

c'_i——土条 i 滑动面上的有效黏聚力；

φ'_i——土条 i 滑动面上的内摩擦角。

土条 i 上的作用力对圆心 O 产生的滑动力矩 M_s 及稳定力矩 M_r 分别为：

$$M_s = T_i R = W_i R \sin a_i \tag{3-9}$$

$$M_r = \tau_{fi} l_i R = [(W_i \cos a_i - u_i l_i)\tan\varphi'_i + c'_i l_i]R \tag{3-10}$$

整个边坡相应与滑动面为 AD 时的稳定系数为：

$$K = \frac{M_r}{M_s} = \frac{\sum_{i=1}^{i=n}[(W_i \cos a_i - u_i l_i)\tan\varphi'_i + c'_i l_i]}{\sum_{i=1}^{i=n} W_i \sin a_i} \tag{3-11}$$

对于均质边坡，$c_i = c$、$\varphi_i = \varphi$，$u_i = u$，则得

$$K = \frac{M_r}{M_s} = \frac{\tan\varphi \sum_{i=1}^{i=n} W_i \cos a_i + (c' - u)l}{\sum_{i=1}^{i=n} W_i \sin a_i} \tag{3-12}$$

式中 l——滑动面 AD 的弧长。

瑞典圆弧法假定土条底法向应力可以简单地看作是土条重量在法向上的投影。同时，由于滑裂面是圆弧，因此方向力可以通过圆心取力矩，使计算工作大大简化，在没有计算机的年代，这是一个实用的方法。但其不考虑条间力的作用，严格地说，其对每一土条并不满足力的平衡条件，对土条本身也不满足力矩平衡条件，仅能满足整个滑动土体的整体力矩平衡条件。由此产生的误差，一般使求出的安全系数偏低，偏低量约为 10%～20%，这种误差随着滑动面圆心角和空隙压力的增大而增大。

2. 斯宾塞法

斯宾塞法假定相邻土条之间的法向条间力 E 与切向条间力 X 之间有一固定的常数关系（如图 3-3 所示），即：

$$\frac{X_i}{E_i} = \frac{X_{i+1}}{E_{i+1}} = \tan\theta \tag{3-13}$$

因此各条间力的合力 P 的方向是相互平行的。

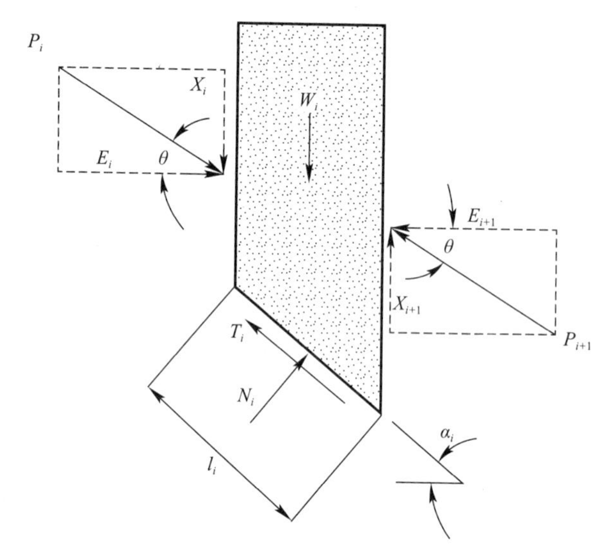

图 3-3　斯宾塞法

Figure 3-3　Spencer method

如图 3-3 所示，对垂直土条底部方向求力的平衡，可得到方程：

$$N_i + (P_i - P_{i+1})\sin(a_i - \theta) - W_i\cos a_i = 0 \tag{3-14}$$

再对平行于土条底部方向求力的平衡，可得到方程：

$$T_i - (P_i - P_{i+1})\cos(a_i - \theta) - W\sin a_i = 0 \tag{3-15}$$

同时又根据安全系数的定义及摩尔-库伦准则，可得：

$$T_i=\frac{c_i' l_i}{K}+(N_i-u_i l_i)\frac{\tan\varphi_i'}{K} \tag{3-16}$$

又 $l_i=b_i\sec a_i$

综合上述各式，可以求出土条两侧条件力之差为：

$$P_i-P_{i+1}=\frac{\dfrac{c_i' b_i\sec a_i}{K}+\dfrac{\tan\varphi_i'(W_i\cos a_i-u_i b_i\sec a_i)}{K}-W_i\cos a_i}{\cos(a_i-\theta)\left[1+\dfrac{\tan\varphi_i'\tan(a_i-\theta)}{K}\right]} \tag{3-17}$$

对整个滑动土体来说，为了要维持力的平衡，必须满足水平方向和竖直方向力的平衡条件，即：

$$\sum(P_i-P_{i+1})\cos\theta=0 \tag{3-18}$$

$$\sum(P_i-P_{i+1})\sin\theta=0 \tag{3-19}$$

因为 θ 是个常数，$\sin\theta$ 和 $\cos\theta$ 不可能为零。因此，式（3-18）和（3-19）两式实质上是同一个平衡条件，即：

$$\sum(P_i-P_{i+1})=0 \tag{3-20}$$

同样，对于整个滑动土体，还要满足力矩的平衡条件，即：

$$\sum(P_i-P_{i+1})\cos(a_i-\theta)R=0 \tag{3-21}$$

式中，R 为各个土条底部中点离转动中心的距离，如果取滑动面为圆柱面，R 就是圆弧的半径，而且对所有的土条都是一样的，因此式（3-21）可写成

$$\sum(P_i-P_{i+1})\cos(a_i-\theta)=0 \tag{3-22}$$

将式（3-17）分别代入式（3-20）和式（3-22），可得到两个方程，而当土坡的几何形状及滑动面已定，同时土的性质的相关指标已知时，只有 θ 和 K 两个未知数，联合两个方程便可以求得。

斯宾塞法的具体求解步骤如下：

（1）任意选择一个圆弧滑裂面，划分垂直土条，宽度相同，然后在图上量出土条中心高 h 和坡角 a。

（2）选定若干个 θ 值，对于每一个 θ 值，可以求出不同的 K 值满足式（3-20）及（3-22）。把满足力的平衡方程式（3-20）的 K 值用 K_f 表示，满足力矩的平衡方程式（3-22）的 K 值用 K_m 表示。当 $\theta=0°$ 时用力矩平衡方程求得的安全系数称为 K_{m0}，它相当于用简化毕肖普方法求出的 K 值。

（3）做出 K_f—θ 及 K_m—θ 关系曲线，绘于同一张图上。两条曲线的交点就是同时满足式（3-20）及（3-22）的安全系数 K 及条间力的坡度 θ 值。

（4）将求出的 K 及 θ 值代入式（3-17），从上往下逐条求出每一土条两侧的条间力合力，并由此求出土条分界面上的法向力及剪力，然后根据分界面上土的

强度指标，求出抗剪安全系数 K。

(5) 再从上往下逐条求出土条间力的合力作用点位置，这可以通过对土条底部中点求力矩得到。

(6) 重新选择滑动面，重复上述的步骤，以求出最危险滑动面的位置及对应的 K_{min}。

斯宾塞法既满足力的平衡条件，又满足力矩平衡条件，多数情况下由该方法求得的安全系数较为准确。该方法已被广泛的运用于工程实际的边坡稳定性计算中。

3. 毕肖普法

前面介绍的瑞典圆弧滑动法假定不考虑土条间的作用力，一般情况下这样得到的稳定安全系数稍微偏小。在工程实践中，为了改进瑞典圆弧滑动法的精度，许多人都认为应该考虑土条间的作用力，以获得更为准确的计算结果。在 1955 年，毕肖普提出了一个安全系数的计算方法。

如图 3-4 所示的边坡，前面已经指出任一土条 i 上的受力是一个超静定问题。因此，毕肖普法在求解时有两个假定条件：

(1) 忽略土条间的竖向剪切力 E_i 及 E_{i+1} 的作用。

(2) 对滑动面上切向力 T_i 的大小做了假定。

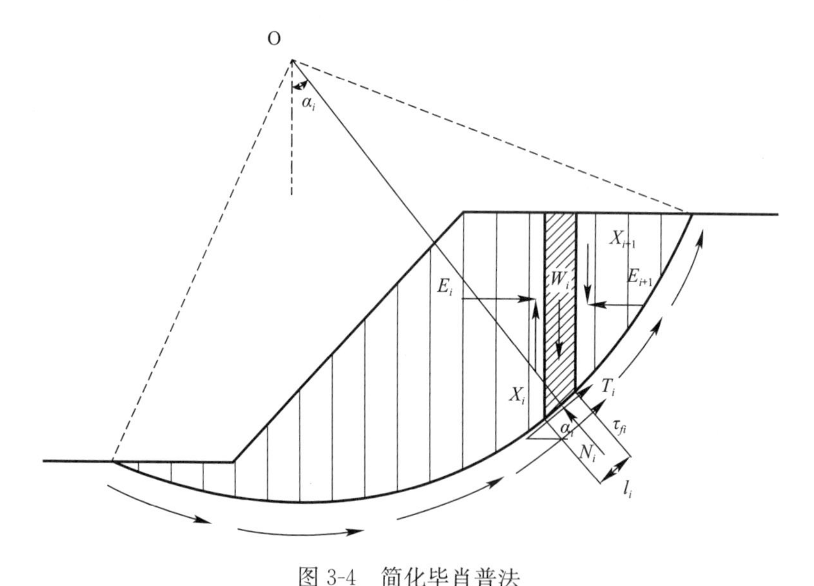

图 3-4 简化毕肖普法

Figure 3-4 Simplified bishop method

根据土条 i 的竖向平衡条件可得：

$$W_i - X_i + X_{i+1} - T_i \sin a_i - N_i \cos a_i = 0$$

即：$N_i\cos a_i = W_i + (X_{i+1} - X_i) - T_i\sin a_i$ (3-23)

如果边坡的稳定安全系数为 K，则土条 i 滑动面上的抗剪强度 τ_{fi} 也只能发挥了一部分，毕肖普法假设 τ_{fi} 产生的抗滑力与滑动面上的切向力 T_i 相互平衡，也就是说这两个力的方向、大小和作为点是相同的，即：

$$T_i = \tau_{fi} l_i = \frac{1}{K}[(N_i - u_i l_i)\tan\varphi'_i + c'_i l_i] \tag{3-24}$$

将式（3-24）代入式（3-23），可得：

$$N_i = \frac{W_i + (X_{i+1} - X_i) - \dfrac{c'_i l_i \sin a_i}{K} + \dfrac{u_i l_i \tan\varphi'_i \sin a_i}{K}}{\cos a_i + \dfrac{\tan\varphi'_i \sin a_i}{K}} \tag{3-25}$$

边坡的稳定安全系数 K 为：

$$K = \frac{M_r}{M_s} = \frac{\sum\limits_{i=1}^{i=n}[(N_i - u_i l_i)\tan\varphi'_i + c'_i l_i]}{\sum\limits_{i=1}^{i=n} W_i \sin a_i} \tag{3-26}$$

将式（3-25）代入式（3-26）可得：

$$K = \frac{\sum\limits_{i=1}^{i=n} \dfrac{1}{m}[W_i + (X_{i+1} - X_i) - u_i l_i \cos a_i]\tan\varphi'_i + c_i l_i \cos a_i}{\sum\limits_{i=1}^{i=n} W_i \sin a_i} \tag{3-27}$$

式中 $m = \cos a_i + \dfrac{\tan\varphi'_i \sin a_i}{K}$ (3-28)

由于式（3-27）中 X_{i+1} 和 X_i 都是未知数，故而求解仍有困难。为了使问题得解，毕肖普又假定剪切力均略去不计，也就是假定土条间力的合力是水平的，即为 $X_{i+1} - X_i = 0$，这样式（3-27）就可以简化为：

$$K = \frac{\sum\limits_{i=1}^{i=n} \dfrac{1}{m}(W_i - u_i l_i \cos a_i)\tan\varphi'_i + c_i l_i \cos a_i}{\sum\limits_{i=1}^{i=n} W_i \sin a_i} \tag{3-29}$$

式（3-29）就是国内外使用十分普遍的简化毕肖普法计算边坡稳定安全系数的公式。由于式中 m 中也包含 K 这个因子，因此式（3-29）须用迭代法求解，即假定一个 K 值，按照式（3-28）求出 m 的值，然后代入式（3-29）中求出 K 值，如果此值与假定值不符，则将此 K 值代入式（3-28）再次算出 m 值，再次代入式（3-29）中，求出新的 K 值，如此反复迭代，直到假定的 K 值与求出的

K 值相近为止。在计算开始时，一般可先假定 $K=1$。根据经验，通常只要迭代3～4次就可以满足精度要求，而且迭代通常是会收敛的。

必须指出：对于 a_i 为负值的那些土条，要注意会不会使 m 趋近于零，如果是这样，则简化毕肖普法就不能用了。这是由于既然在计算中忽略了 X_i 的影响，又要使各个土条维持极限平衡，在土条的 a_i 使 m 趋近于零时，N_i 就会趋近于无穷大，当 a_i 的绝对值更大时，土条的底部的切向力 T_i 将要求和滑动方向相同，这与实际情况相矛盾。根据有关专家学者的意见，当任一土条的 $m \leqslant 0.2$ 时，就会导致求出的 K 产生较大的误差，此时就应该采用其他的计算方法了。

4. 简布法

简布法又称普遍条分法，它适用于任意形状的滑动面。如图3-5所示土坡的一般情况。坡面是任意的，坡面上作用有各种荷载，在坡体的两侧作用有侧向推力 E_a 和 E_b，剪切力 T_a 和 T_b，滑动面也是任意的。土条间作用力的合力作用点连线成为推力线。

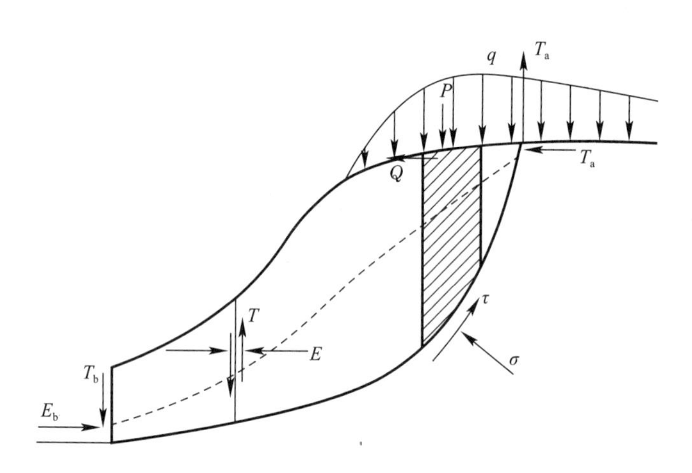

图3-5 简布法计算图示

Figure 3-5 Janbu method

如果在土坡断面中任取一土条，其上作用有集中荷载 ΔP、ΔQ 及均布荷载 q，ΔW_r 为土条自重力，土条两侧作用有土条条间力 E、T 及 $E+\Delta E$、$T+\Delta T$，滑动面上的作用力 ΔS 和 ΔN。如图3-6所示。

为了求出一般情况下边坡的稳定安全系数以及滑动面上的应力分布，简布法做了如下假定：

(1) 假定边坡稳定为平面应变问题。

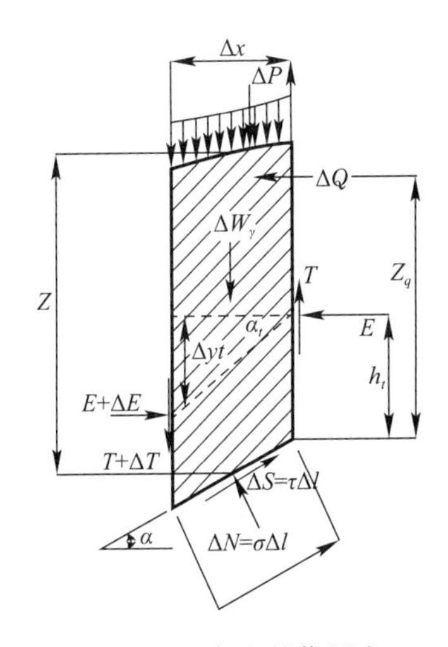

图 3-6　土条上的作用力

Figure 3-6　Force on soil slice

（2）整个滑动面上的稳定安全系数是一样的。

（3）土条上所有垂直荷载的合力 $\Delta W = \Delta W_r + q\Delta x + \Delta P$，其作用线和滑动面的交点与 ΔN 的作用点为同一点。

（4）推力线的位置假定已知。即简单地假定土条侧面推力呈直线分布，如果坡面有超载，侧向推力成梯形分布，推力线应该通过梯形的形心；如果坡面没有超载，推力线应选在土条下三分点附近，对于非黏性土（$c'=0$）可以在三分点处，对于黏性土（$c'>0$），可选在三分点以上（被动情况）或选在三分点以下（主动情况）。

利用以上假定条件，根据力和力矩的平衡条件，对土条进行受力分析，可以得到稳定安全系数的解析式如下：

$$K=\frac{\sum\tau_s\Delta x(1+\tan\alpha)}{E_a-E_b+\sum[\Delta Q+(p+t)\Delta x\tan\alpha]} \tag{3-30}$$

而：
$$\tau_s = c' + (\sigma - u)\tan\varphi' = c' + \left(p + t - u - \frac{\tau_s \tan\alpha}{K}\right)\tan\varphi' \tag{3-31}$$

式中

$$p = \frac{\Delta W}{\Delta x} = \gamma z + q + \frac{\Delta P}{\Delta x} \quad （\gamma \text{ 为土的容重}） \tag{3-32}$$

$$t = \frac{\Delta T}{\Delta x} \tag{3-33}$$

从式（3-30）和式（3-31）可知，稳定安全系数的求解方程为隐式方程，因此必须用迭代法试算。具体迭代计算步骤可以参考文献。

简布法主要用来校核一些形状比较特殊的滑动面（如复杂的软土夹层面），不必要假定很多滑动面进行计算。

边坡稳定性分析中的极限平衡条分法，还包括摩根斯坦-普莱斯法、陆军工程师团法、萨尔玛法、Lowe-Karafiath 法和不平衡推力法等。这些极限平衡条分法对力的平衡、力矩的平衡、破坏滑裂面形状及土条侧向作用力均有不同的假定，本节不再赘述。

5. 各种极限平衡条分法对比分析

极限平衡条分法为了求出安全系数，必须满足力或力矩的平衡条件（或者两者同时满足），并与某一剪切破坏准则结合（通常是摩尔-库伦准则），再对多余的变量做出某种假定，从而使超静定问题转化为静定问题来求解。根据满足平衡条件的不同可以分为非严格条分法和严格条分法。满足力平衡或者力矩平衡条件之一称为非严格条分法，两者同时都满足则称为严格条分法。表 3-1 中列出各种极限平衡条分法对多余变量所作假定条件的比较。

各种极限平衡条分法的比较 **表 3-1**

comparison of common slice methods **Table 3-1**

方法名称	是否考虑				条块形状
	垂直力	水平力	力矩	考虑的滑动面	
斯宾塞法	Y	Y	Y	任意滑动面	垂直条块
萨尔玛法	Y	Y	Y	任意滑动面	垂直条块
瑞典法	×	×	Y	圆弧滑动面	垂直条块
简化毕肖普法	Y	×	Y	圆弧滑动面	垂直条块
简化简布法	Y	Y	×	任意滑动面	垂直条块
陆军工程师团法	Y	Y	×	任意滑动面	垂直条块
摩根斯坦-普赖斯法	Y	Y	Y	任意滑动面	垂直条块
不平衡推力	Y	Y	×	任意滑动面	垂直条块

从表 3-1 中可以看出，现有这些极限平衡法可以分为如下 4 类：

（1）考虑所有平衡条件。即水平方向、垂直方向力的平衡和对任意点的力矩平衡。属于此类的方法有：斯宾塞法、摩根斯坦-普赖斯法和萨尔玛法。

（2）考虑垂直方向力的平衡和力矩平衡。简化毕肖普法属于此类方法。

（3）考虑水平方向力和垂直方向力的平衡。属于此类的方法有：简化简布法、陆军工程师团法和不平衡推力法。

（4）仅考虑力矩平衡。瑞典法属于此类。

除瑞典法以外，其他的方法还可以用 $K \sim \lambda$ 曲线来加以比较，如图 3-7 所示。图中 λ 是用来表示条间剪切力的参数，$\lambda=0$ 表示土条之间没有剪切作用力，λ 不为零时则表示条间有剪切作用力。如图所示，一般情况下力矩平衡条件对边坡安全系数的影响不大。

由于各种条分方法的最大不同在于对相邻土条之间内力作用方式的假定不一致，所满足的平衡条件也不相同，导致在计算时适合条件和计算精度也不太相同。Whitman & Bailey (1967) 认为，简化毕肖普法、斯宾塞法、简化简布法和摩根斯坦-普赖斯法等方法的计算安全系数相差不大，而瑞典圆弧法和这些方法相差是比较明显的，甚至可以达到 60%以上。Fredlund 和 Krahn (1981) 分析了边坡力平衡的安全系数及力矩平衡的安全系数的关系，简明地给出了不同计算方法的安全系数之间的关系。Duncan 于 1996 年对边坡稳定分析的条分法和有限

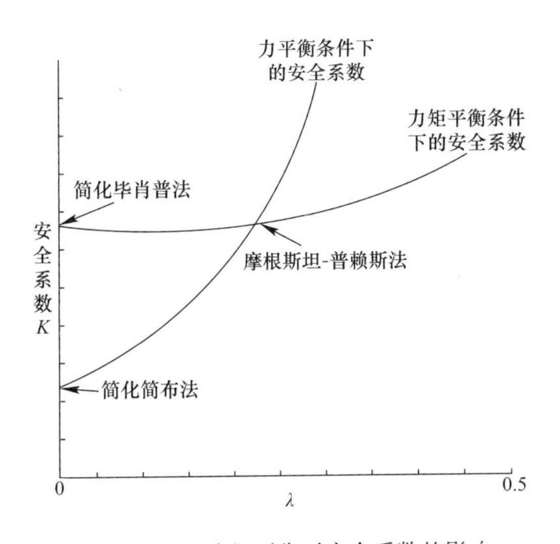

图 3-7　力和力矩平衡对安全系数的影响

Figure 3-7　Force and moment balance on the impact factor of safety

元法的进展做了综述报告，对于各种条分法的计算精度和适用范围进行了总结分析，得出以下几点经典的结论：

（1）瑞典法在平缓边坡或高孔隙水压力情况下得到的边坡安全系数误差较大。该方法在“$\varphi=0$”的情况下得到的安全系数是完全精确的。

（2）斯宾塞法在个别情况下会出现收敛困难的问题，如土压力问题、滑裂面包含拉裂缝并充水等情况。

（3）简化毕肖普法在大部分情况下均可获得与通用条分法基本相同的结果。其局限性主要是仅适用于圆弧滑裂面及有时会遇到数值分析问题。当简化毕肖普法的结果比瑞典法小时，可认为此时存在数值分析问题。

（4）仅满足静力平衡条件的方法的计算结果对所假定的条间力方向极为敏感，不同的条间力方向获得的安全系数差别较大。

（5）满足全部平衡条件的方法（如斯宾塞法、摩根斯坦-普赖斯法、萨尔玛法）在任何情况下都是精确的。因此，计算中应尽量使用同时满足力和力矩平衡的条分法。

（6）各种稳定性分析的图表，在边坡几何条件、容重、强度指标和孔隙水压力可以简化的情况下可得出有用的结果，其局限性在于使用图表时需要对上述条件进行简化处理。使用图表的优点在于可以快速得到安全系数。通常可先使用这些图表进行初步核算，再采用计算机程序进行详细核算。

虽然极限平衡法在边坡稳定性分析中得到了广泛应用，但由于其对问题的简化及假定可能与实际不符，因而具有一定的局限性：

（1）极限平衡条分法把土体进行条分，并进一步假定了条块之间的作用力分布情况。由这些假定得到的土条间内力及滑面底部反力是虚拟的，不能代表真实应力状态。

（2）极限平衡条分法中的各类方法均使用了 Mohr-Coulomb 破坏准则，尚无法考虑更复杂的破坏准则。

（3）极限平衡条分法的解答既不是严格解，也不是近似的上限解，运用其得到的边坡安全系数有可能大于实际情况。

（4）极限平衡条分法对于复杂的边坡情况（如考虑土体非均质及各向异性等）是无能为力的。

（5）极限平衡条分法不能反映边坡的破坏机制，不能描述边坡屈服的产生、发展过程，不能提供坡体内应力一应变的分布情况。

（6）实际情况下边坡的破坏是渐进式的、与应变及时间发展相关的，而极限平衡条分法认为破坏是整个滑裂面上的抗剪强度同步达到土体屈服强度后瞬间发生的。

3.1.2 岩土分析软件 GEO-SLOPE 的介绍及验证

二十一世纪初，加拿大 GEO-SLOPE 软件开发公司研发了一套软件，叫 GeoStudio，有些资料上把它简称为 GEO-SLOPE。它主要采用极限平衡理论进行边坡稳定性分析，但也能够使用有限元分析方法。这套软件功能十分强大，很适合在岩土工程和岩土环境模拟中进行分析计算。目前，GEO-SLOPE 软件已经帮助了几百万科学研究人员、工程技术人员、教育工作者以及学生完成科研和论文工作。GeoStudio 软件主要包括七种专业的分析子系统：SLOPE/W（边坡稳定性分析子系统）、SEEP/W（地下水渗流分析子系统）、QUAKE/W（地震应力应变分析子系统）、SIGMA/W（岩土应力应变分析子系统）、CTRAN/W（地下水污染物输运分析子系统）、TEMP/W（地热分析子系统）、VADOSE/W（综合渗流蒸发区和土壤表层分析子系统）。在这七种专业软件中，SLOPE/W 子系统在边坡稳定性分析中是独占鳌头的，本书的超高边坡稳定性分析也采用该分支软件。下面对 SLOPE/W 子系统做一下简单介绍。

SLOPE/W 子系统是专门用于边坡稳定性分析，是当前市场上主要用于计算岩土边坡安全系数的商业软件之一。SLOPE/W 软件的重要特征是对于综合问题进行公式化处理，这个特征使得它可以分别用 8 种方法分析每个特定的边坡稳定性问题，SLOPE/W 软件还可以对复杂边坡的滑移面改变其形状、孔隙水压力状况、土体性质、不同的加载方式等等，并进一步分析该岩土工程问题。用户可以利用 SLOPE/W 系统中的极限平衡法，通过建模来分析不同土质类型、复杂地层和滑移面形状的边坡中的孔隙水压力分布状况，SLOPE/W 系统还提供了多种不同类型的土体模型供用户选择，并可以使用确定性的和随机性输入参数的方法来分析边坡，用户还可以利用 SLOPE/W 系统做随机稳定性分析。除了使用极限平衡理论计算各种地质的边坡的安全系数外，SLOPE/W 软件还可以使用有限元应力分析法来对大部分边坡稳定性问题进行补充计算和分析，但有限元分析并不是它的强项。事实上，SLOPE/W 系统几乎可以对所有的边坡稳定性问题进行建模研究，包括各种天然土质边坡、岩石边坡、路堤边坡、基坑护坡、锚杆支撑结构、边坡底部的坡角沟、增强地基、地震冲击载荷、边坡顶部的动载荷、拉伸裂缝、非饱和土的性质等等。

SLOPE/W 系统主要功能特征：

（1）建模容易，概念直观，操作方便。

（2）可以非常快速准确地搜索出均质土的最不利滑裂圆弧。

（3）可以灵活组合，对同一个问题可采用多种不同的计算方法。与 QUAKE/W 模块相结合，可以在地震荷载作用下分析边坡稳定性问题；与 SIGMA/W 模块结合，可以按有限元应力法计算边坡的稳定性；还可以采用 Monte Carlo 可靠度法来分析边坡稳定性问题。

（4）可以直接在 Autocad 底图的基础上直接建模，计算结果可以采用多种格式打印输出，方便用户。

（5）可以在计算断面上直接添加加固措施，甚至还可以根据输入参数计算锚固段长度。

（6）可以计算有孔隙水压对象。

在选用该软件对超高边坡的稳定性进行分析之前，我们需要先验证一下该软件的可靠性，我们首先选取一个比较普通的算例，该算例采用中国工程院院士郑颖人等人曾经计算过的一个尺寸。计算边坡的几何尺寸如图 3-8 所示，材料参数见表 3-2。

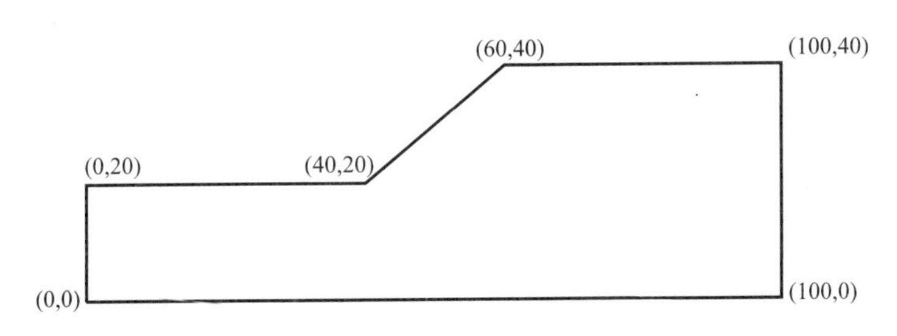

图 3-8　需要验证的边坡几何尺寸

Figure 3-8　The geometry size of the slope need to test

边坡填料的主要参数　　表 3-2

Material Property of slope　　Table 3-2

黏聚力	内摩擦角	土体重度
42kPa	17°	20kN/m³

采用 SLOPE/W 系统计算结果如图 3-9 所示，边坡稳定系数的计算结果为 1.202，参照郑颖人院士给出的有限元计算结果为 1.20，两者误差 0.16%，计算结果十分接近。通过对比，说明我们分析所采用的 SLOPE/W 软件系统是可靠的，相关的参数设置是正确的。

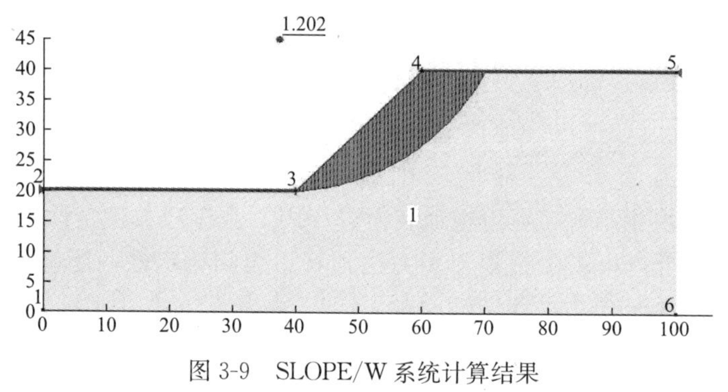

图 3-9　SLOPE/W 系统计算结果

Figure 3-9　The calculation results of SLOPE/W

3.2　基于数值分析理论的超高边坡稳定性分析

有限元法就是利用有限个单元体所构成的离散化结构来代替原来的连续体结构来分析土体应力和变形，这些单元体只在节点处有力的联系。一般材料应力-应变关系可表示为：

$$\{\sigma\}=[D]\{\varepsilon\} \tag{3-34}$$

由虚拟位移原理可建立单元体的节点力与节点位移之间的关系，进而得出总体平衡方程：

$$[K]\{\delta\}=\{F\} \tag{3-35}$$

式中　$[K]$——刚度矩阵；

$\{\delta\}$——节点位移列向量；

$\{F\}$——节点荷载列向量。

利用有限单元法，可考虑土的非线性应力-应变关系，求得每一个单元的应力应变。在边坡工程中如果利用强度折减法，便可以求出边坡的安全系数，同时也可以得到相对应的应力应变及相关的云图。

影响土体应力-应变的因素很多，有土体结构、空隙、密度、应力历史、荷载特征、含水率等等。这些因素使得土体在受力后的行为非常复杂，而且往往都是非线性的。土体应力-应变的非线性关系，反映到式（3-34）中，就是矩阵［D］不是常量，而是随着应力或应变变化的，由此推得刚度矩阵［K］也发生变化，这就使得问题复杂的多。

有限元的突出优点是适于处理非线性、非均质和复杂边界等问题，而土体应力应变分析就恰恰存在这些困难问题，因此很适宜用有限元法。

应力应变的非线性关系是土的基本变形特性之一。土的非线性主要是由于土由碎散的固体颗粒组成，土的宏观变形主要不是由于土颗粒本身变形，而是由于颗粒间位置的变化，这样在不同应力水平下由相同的应力增量而引起的应变增量就会不同，即表现出非线性。

近三十多年来，已经提出了大量的土体本构模型理论。归纳起来，有两大类：（1）弹性非线性理论。它以弹性理论为基础，在各微小的荷载增量范围内，把土看作弹性材料，从一个荷载增量变化到另一个荷载增量，土体的弹性常数发生变化，以考虑非线性；（2）弹塑性模型理论。认为土体的变形包括弹性变形和塑性变形两部分。把弹性理论和塑性理论结合起来建立本构模型。

3.2.1 非线性问题的有限元求解方法

非线性问题可以归纳为材料非线性和几何非线性两类。材料非线性指的是材料的物理定律是非线性的，也就是说应力-应变关系非线性的。土体在荷载作用下位移与其几何尺度相比很小，因而在求出位移场以后可以用某单元原来的尺寸来计算应力场。土力学中大多数问题属于物理非线性的范畴。几何非线性表示土体几何形状的有限变化，将引起位移的很大变化。应变-位移关系不再是线性的，而应力-应变关系仍然是线性的。值得注意的是不管是材料非线性问题还是几何非线性问题，它们的求解方法是完全一样的。目前求解非线性问题的主要方法包括：迭代法、增量法和混合法。

1. 迭代法

用迭代法求解非线性问题时，将荷载一次性地全部施加于结构，然后不断地修正刚度或调整荷载，来逐步接近真实解，而每次迭代做了一次线性有限元计算。具体的计算方法主要有牛顿-拉菲逊迭代法（Newton-Raphson 法）、割线迭代、余量迭代、初应力迭代等。

（1）牛顿-拉菲逊方法

任何具有一阶倒数的连续函数 $\psi(x)$，在 x_n 点作一阶泰勒级数展开，它在 x_n

点的线性近似公式是：

$$\psi(x)=\psi(x_n)+\left(\frac{\mathrm{d}\psi}{\mathrm{d}x}\right)_n(x-x_n) \tag{3-36}$$

因此，非线性方程 $\psi(x)=0$ 在 x_n 点附近的近似线性方程为：

$$\psi(x_n)+\left(\frac{\mathrm{d}\psi}{\mathrm{d}x}\right)_n(x-x_n)=0 \tag{3-37}$$

设 $\left(\frac{\mathrm{d}\psi}{\mathrm{d}x}\right)_n\neq0$，它的解是：

$$\Delta x_{n+1}=-\psi(x_n)/\left(\frac{\mathrm{d}\psi}{\mathrm{d}x}\right)_n \tag{3-38}$$

$$x_{n+1}=x_n+\Delta x_{n+1}$$

式（3-38）就是牛顿-拉菲逊方法的迭代公式。从式中可以看出每次迭代时都要计算一次 $\psi'(x)=\mathrm{d}\psi/\mathrm{d}x$，因此计算的工作量很大。为了减少工作量，对该法进行了修正，成为修正牛顿-拉菲逊方法，其迭代公式是：

$$\Delta x_{n+1}=-\psi(x_n)/\left(\frac{\mathrm{d}\psi}{\mathrm{d}x}\right)_0 \tag{3-39}$$

$$x_{n+1}=x_n+\Delta x_{n+1}$$

从式（3-39）可以看出，修正牛顿-拉菲逊方法在每次迭代时 $\psi'(x)=\mathrm{d}\psi/\mathrm{d}x$ 的值均取初始值。

现在具体说明一下牛顿-拉菲逊方法求解结构平衡方程的迭代过程。在求解非线性问题时，结构的刚度矩阵是几何变形的函数。因此，结构平衡方程为：

$$[K]\{\delta\}-\{F_1\}=0 \tag{3-40}$$

式中　$[K]=[K(\{\delta\})]$

为了便于说明，考虑单自由度系统。设：

$$\psi(\delta)=K\delta-F_1=0 \tag{3-41}$$

式中　K 是 δ 的函数，即 $K=K(\delta)$。令 $F(\delta)=K\delta$，于是式（3-41）可以改写成：

$$\psi(\delta)=F(\delta)-F_1=0 \tag{3-42}$$

如果用牛顿-拉菲逊方法求解非线性方程 $\psi(\delta)=0$ 的根，式（3-38）的迭代公式，可以写成：

$$\left(\frac{\mathrm{d}\psi}{\mathrm{d}x}\right)_n(\Delta\delta)_{n+1}=F_1-F(\delta_n) \tag{3-43}$$

$$\delta_{n+1}=\delta_n+(\Delta\delta)_{n+1} \tag{3-44}$$

如果用图示的方法更容易理解。在直角坐标系 δ—F 中，曲线 $F=K\delta$ 和直线 $F=F_1$ 的交点 A 的横坐标是式（3-41）的解。如图 3-10 所示。

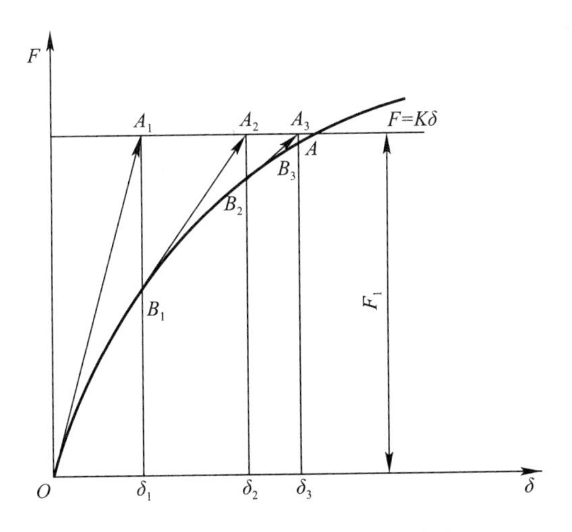

图 3-10　牛顿-拉菲逊方法图示

Figure 3-10　Newton-Raphson method

用牛顿-拉菲逊迭代方法，开始时按线性理论求解位移 δ_1 作为第一次近似，即图 3-10 中 A_1 点的横坐标。从式（3-42）知道，如果荷载 F_1 并不因变形而改变它的数值和方向，则：

$$\frac{\mathrm{d}\psi}{\mathrm{d}\delta}=\frac{\mathrm{d}F}{\mathrm{d}\delta}=K_T \tag{3-45}$$

式中　K_T 是曲线 $F=K\delta$ 的斜率，在物理上代表切线刚度。

作为第二步，从 B_1 点作曲线 $F=K\delta$ 的切线交直线 $F=F_1$ 于 A_2 点，取 A_2 点的横坐标是 δ_2。从图 3-10 中可以看出：

$$\frac{A_1B_1}{\delta_1-\delta_2}=(K_T)_1 \tag{3-46}$$

而

$$A_1B_1=F_1-F(\delta_1) \tag{3-47}$$

$$\delta_2-\delta_1=(\Delta\delta)_2 \tag{3-48}$$

于是，式（3-46）可以写成

$$(K_T)_1\,(\Delta\delta)_2=F_1-F(\delta_1) \tag{3-49}$$

把式（3-49）和式（3-44）比较可以看出，δ_2 就是位移的第二次近似值。依次不断重复，得到迭代公式如下：

$$(K_T)_n\,(\Delta\delta)_{n+1}=F_1-F(\delta_n) \tag{3-50}$$

$$\delta_{n+1}=\delta_n+(\Delta\delta)_{n+1}$$

同样，修正的牛顿-拉菲逊方法也可以用图解表示，如图 3-11 所示。

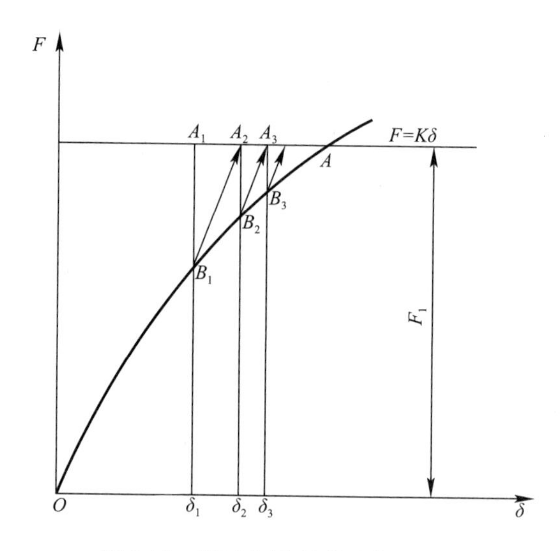

图 3-11　修正牛顿-拉菲逊方法图示

Figure 3-11　Modified Newton-Raphson method

（2）割线迭代法

如果材料的应力-应变关系能够表示成如下形式：

$$\{\sigma\} = [D(\{\varepsilon\})]\{\varepsilon\} \tag{3-51}$$

又因为，

$$\{\varepsilon\} = [B]\{\delta\} \tag{3-52}$$

因此，式（4-36）可以写成：

$$\{\sigma\} = [D(\{\delta\})][B]\{\delta\} = [D(\{\delta\})][B]\{\delta\} \tag{3-53}$$

又因为，

$$\int [B]^T\{\sigma\}dV = F \tag{3-54}$$

$$[K(\{\delta\})]\{\delta\} = \{F\} \tag{3-55}$$

因此将式（3-53）代入式（3-54），并利用式（3-55）可得

$$[K(\{\delta\})] = \int [B]^T[D(\{\varepsilon\})][B]dV \tag{3-56}$$

可以把式（3-55）写成迭代公式：

$$[K]_{n-1}\{\delta\}_n = \{F\} \tag{3-57}$$

一般首先取$\{\delta\}_0=0$，算出$[K(\{\delta\}_0)]=[K]_0$代入式（3-57）解出：

$$\{\delta\}_1 = [K]_0^{-1}\{F\} \tag{3-58}$$

作为第一次近似。再从已知$\{\delta\}_1$由式（3-53）、式（3-54）和式（3-56）算出$[K]_1$，代入式（3-57）解出$\{\delta\}_2$作为第二次近似。如此反复直到满足精度要求为止。

该方法的图解如图 3-12 所示。图 3-12（a）中割线的斜率相当于[D]。

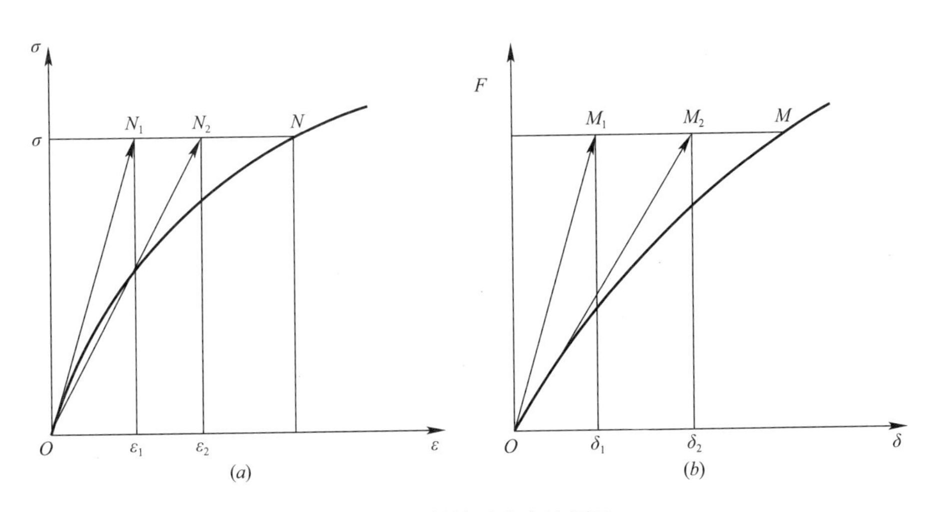

图 3-12　割线迭代方法图示

Figure 3-12　Secant iteration method

2. 增量法

增量法是将全部荷载分成若干级微小增量，逐级用有限元计算。对于每级增量，在计算时假定材料性质不变，用一般的线性有限元计算方法，解得位移，应力和应变的相应增量。而各级增量荷载之间，材料性质不同，刚度矩阵不同，用它来反映非线性的应力-应变关系。这种方法实际上是用分段直线来逼近曲线，即以折线代替曲线。增量法中有基本增量法、中点增量法。本书主要介绍一下中点增量法。

各级荷载作用下的材料性质是有矩阵［D］来体现的。无论弹性矩阵还是弹塑性矩阵，都决定于应力状态。对于某一级荷载，应力从初始状态到终了状态，弹性常数是变化的。设想用该级荷载下的平均应力所对应的［D］来进行计算，结果会比以初应力状态来计算的基本增量法要好。这就是中点增量法的思路和特点。

为了求平均应力，要作一次试算。有两种试算的方法：

（1）将该级全部荷载增量施加于结构，求出该级终了状态的应力，将其与初始应力平均；

（2）只施加 1/2 的荷载增量，求出的应力便是平均应力。

中点增量法的计算步骤如下：

（1）前一级终了时的应力，也就是本级的初始应力 $\{\sigma\}_{i-1}$，确定矩阵［D］$_i$。这就相当于图 3-13（a）中 P_{i-1}点处的斜率；

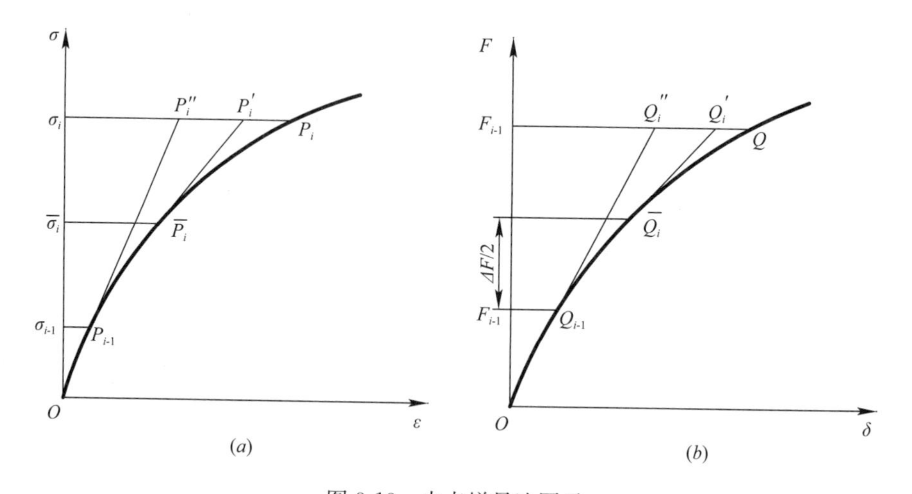

图 3-13　中点增量法图示

Figure 3-13　Mid-point incremental method

(2) 由 $[D]_i$ 算出刚度矩阵 $[K]_i$，也就是图 3-13（b）中 Q_{i-1} 点的斜率；

(3) 解方程 $[K]_i\{\Delta\delta\}=\{\Delta F\}$，得位移增量 $\Delta\delta_i$，相应的位移总量 $\{\delta\}_i=\{\delta\}_{i-1}+\Delta\delta_i$；

(4) 由 $\Delta\delta_i$ 求各单元应变增量 $\{\Delta\varepsilon\}_i$ 和应力增量 $\{\Delta\sigma\}_i$；

(5) 取应力平均值 $\{\bar{\sigma}\}_i=(\{\sigma\}_{i-1}+\{\sigma\}_i)/2$；

(6) 由平均应力 $\{\bar{\sigma}\}_i$ 求出 $[\bar{D}]_i$，再求出 $[\bar{K}]_i$；

(7) 解方程组 $[\bar{K}]_i\{\Delta\delta\}_i=\{\Delta F\}_i$，求得位移增量 $\Delta\delta_i$，相应的位移总量 $\{\delta\}_i=\{\delta\}_{i-1}+\Delta\delta_i$；

(8) 由 $\Delta\delta_i$ 求各单元应变增量 $\{\Delta\varepsilon\}_i$ 和应力增量 $\{\Delta\sigma\}_i$，进而求出应力和应变的全量，即 $\{\varepsilon\}_i=\{\varepsilon\}_{i+1}+\{\Delta\varepsilon\}_i$，$\{\sigma\}_i=\{\sigma\}_{i+1}+\{\Delta\sigma\}_i$。

中点增量法并不能使计算结果收敛与真实值，只是改变了计算方法。

3. 混合法

中点增量法较基本增量法有一定改进，但并不能保证解答与实际曲线没有误差。尤其是当应力状态接近破坏时，本来未破坏的单元，会因计算误差而算出破坏的结果，使问题失真。对每一级荷载增量，用迭代法多次计算，使其收敛于真实解，再加下一级荷载。这便是增量迭代法。它是增量法与迭代法的混合，故又称作混合法。混合法在一定程度上包含了增量法和迭代法的优点，减少了两者的缺点。对每一荷载增量的计算，由于进行了迭代，可以修正其与真解的偏差，提高了精度，但也增加了计算量。

3.2.2 有限元强度折减法中超高边坡失稳的判据

1. 安全系数的定义

两种方法可以导致边坡达到极限破坏状态，即：增量加载和折减强度。传统边坡稳定分析的中的安全系数是一个比值，假定一滑动面，根据力学的平衡来计算边坡安全系数，它等于滑动面以上土体条块的抗滑力与下滑力的比值。

$$k=\frac{\int_0^l \tau_f \mathrm{d}l}{\int_0^l \tau \mathrm{d}l}=\frac{\int_0^l (c+\sigma_n \tan\varphi)\mathrm{d}l}{\int_0^l \tau \mathrm{d}l} \tag{3-59}$$

式中 k——安全系数；

τ_f——滑动面上各点的抗剪强度；

τ——滑动面上各点的实际强度。

将式（3-59）两边同时除以 k，上述公式变为：

$$1=\frac{\int_0^l \left(\frac{c}{k}+\sigma_n \frac{\tan\varphi}{k}\right)\mathrm{d}l}{\int_0^l \tau \mathrm{d}l}=\frac{\int_0^l (c'+\sigma_n \tan\varphi')\mathrm{d}l}{\int_0^l \tau \mathrm{d}l} \tag{3-60}$$

其中：

$$c'=\frac{c}{k},\quad \tan\varphi'=\frac{\tan\varphi}{k} \tag{3-61}$$

式（3-60）的左边等于1，表示滑坡体达到极限平衡状态，这意味着当代表强度的黏聚力和摩擦角被折减为 $1/k$ 后，边坡最终到达破坏。这个系数 k 就是有限元强度折减法中求解的安全系数，其实也就是强度折减系数。

2. 有限元强度折减法的原理

有限元强度折减法是在理想的弹塑性有限元计算中将边坡岩土体的抗剪强度参数：黏聚力 c 和内摩擦角 φ 按照安全系数的定义同时除以一个系数 k，得到一组新的 c'、φ'值，然后作为一组新的参数输入，再一次试算，如此循环，当计算不收敛时，所对应的 k 被称为坡体的安全系数，此时边坡达到极限状态，将会发生剪切破坏，同时可以得到边坡的滑动面。其中 c'、φ'为：

$$c'=\frac{c}{k},\quad \varphi'=\arctan\left(\frac{\tan\varphi}{k}\right) \tag{3-62}$$

3. 有限元强度折减法的优点

有限元强度折减分析法既具备了数值分析方法适应性广的优点，也具备了极限平衡法简单直观、实用性强的特点，目前被广大岩土工程师们广泛应用。

(1) 不需要假定滑面的形状和位置，也无需进行条分。只需要由程序自动计算出滑坡面与强度贮备安全系数。

(2) 能够考虑“应力-应变”关系。

(3) 具有数值分析法的各种优点，适应性强。能够对各种岩土工程进行计算，不受工程的几何形状、边界条件等的约束。

(4) 它考虑了土体的非线性弹塑性特点，并考虑了变形对应力的影响。

(5) 能够考虑岩土体与支护结构的共同作用。并模拟施工过程和渐进破坏过程。

4. 有限元强度折减法中超高边坡失稳的判据

采用强度折减有限元方法分析超高边坡稳定性时，如何判断边坡是否达到极限平衡状态，十分关键。这种有限元失稳判据的选取，没有获得共识，常见的失稳判据主要有下列三种：

(1) 特征点位移发生突变

边坡失稳最直观的表现就是边坡体内位移场的突变。首先建立边坡体内特征点处的水平位移或竖向位移与强度折减系数之间的函数关系曲线，这个曲线出现的拐点就是作为超高边坡处于临界破坏状态的判据。

(2) 有限元计算的收敛性

非线性有限元计算中，在给定的求解迭代次数和收敛标准内一直不能收敛，这时就作为超高边坡达到的临界破坏状态的判据。如 Ugai 认为迭代上限以 500 次为限，残差位移的收敛标准为 10^{-5}，国内学者赵尚毅、张鲁渝等人也采用过迭代计算是否收敛为边坡失稳判据。

(3) 广义剪应变或塑性应变的贯通

超高边坡的破坏过程总是伴随着塑性应变区域、广义剪应变区域等等的发生、发展直到贯通的。该失稳判据认为，当超高边坡体内的塑性应变或广义剪应变达到某一值或它们的分布基本贯通时，此时边坡达到极限破化状态，以此作为超高边坡达到的临界破坏状态的判据，此时相对应的折减系数即可作为边坡的安全系数。Matsui 在模拟填方边坡时，以剪应变超过 15%为边坡失稳的判据。连镇营等利用数学手段绘制边坡内广义剪应变分布图，若某一幅值广义剪应变的区域在边坡中出现了相互贯通，则意味边坡已经失稳破坏。刘祚秋等在某供水改造工程中边坡分析时，提出了以某一幅值的总等效塑性应变区从坡脚到坡顶贯通时为边坡破坏的判据。

中国工程院院士郑颖人等人对超高边坡失稳的判据做了详细的研究。研究结果认为边坡破坏的特征是边坡失去稳定，滑体滑出，滑体由稳定静止状态变为运动状态，同时产生很大的位移和塑性应变，因此位移和塑性应变不再是一个定值，而是处于无限塑性流动状态。边坡塑性区从坡脚到坡顶贯通并不一定意味着边坡整体破坏，塑性区贯通是破坏的必要但不充分条件，还需要分析塑性应变是否具备继续发展的边界条件。通过有限元强度折减，边坡如果达到破坏状态，滑动面上的位移将产生突变，产生很大的塑性流动，有限元程序无法从有限元方程组中找到一个既能满足静力平衡，又能满足应力-应变关系和强度准则的解，此时，不管是从力的收敛标准，还是从位移的收敛标准来判断，有限元计算都不收敛。研究表明，塑性区的贯通并不一定代表超高边坡产生破坏，塑性区的贯通是破坏的必要条件，但不是充分条件。边坡土体的破坏标志应该是部分土体出现无限移动，此时有限元计算中塑性应变或位移出现突变；与此同时有限元计算发生不收敛的现象。因此，采用有限元计算是否收敛作为超高边坡失稳的判据是比较合理的。

3.3 边坡车辆荷载的处理方式及其效果分析

通常，车辆荷载的处理首先是换算成标准车辆轴载，对于轴载的处理有两种方式：其一是把车辆荷载换算成当量土柱高，也就是说用一定厚度的土层来代替车辆荷载，根据两者对边坡产生的压力相等来计算土层的厚度；其二就是把车辆荷载折算为均布荷载，把这个均布荷载直接作用在边坡上来分析。本书是要分析多级边坡车辆荷载对超高路堤边坡的稳定性影响，尤其是车辆荷载位于边坡护坡道的时候对边坡稳定性的影响。假设采用上述第一种方式处理车辆荷载，换算成当量土柱高，就等效于把护坡道上面的边坡的高度降低，把护坡道下面的边坡的高度升高，所起到的作用就相当于改变边坡的坡高，反而对上边坡的稳定性有利。但直观地讲，边坡上车辆荷载的作用不一定对上边坡的稳定性的是有利的，这是等同于改变边坡的高度的。究竟上述两种车辆荷载处理方式对边坡稳定性的影响差异有多大？采用那种处理方式更接近于事物本身？我们将首先对这个问题进行研究。

假设有如图 3-14 所示的某一均质边坡（单位为 m)。填料就采用巴东组地质

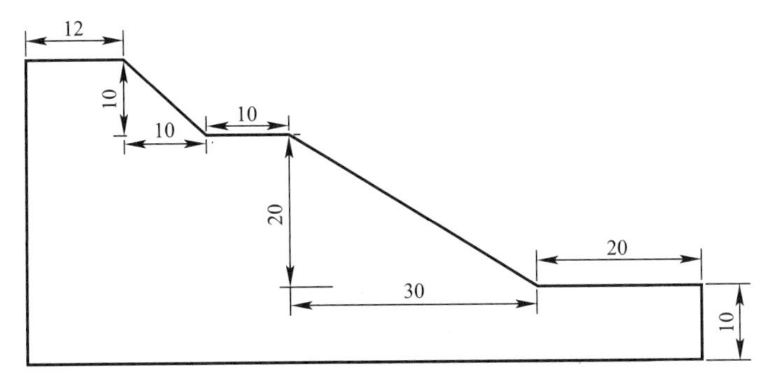

图 3-14　假设的边坡几何尺寸（m)

Figure 3-14　The geometry size of Supposed slope（m)

填料，各项参数为：容重黏聚力 $c=5\text{kPa}$，内摩擦角 $\varphi=36°$，$\gamma=21.5\text{kN/m}^3$。边坡底部约束条件为水平方向和竖直方向均为固定，左侧为水平方向固定，竖直方向为自由移动的约束条件。

3.3.1 未加车辆荷载时超高边坡的稳定性

为了对比不同的施加车辆荷载方式对边坡的稳定性影响，找出更加合理的施加车辆荷载的方式，本书首先分析边坡在没有任何车辆荷载下的稳定性和安全系数。分别采用极限平衡法中的瑞典条分法、毕肖普法、斯宾塞法、简布法等多种方法对该边坡的稳定性进行分析。分析时计算出上边坡、下边坡及整体边坡的三个安全系数。虽然不同方法计算出来的安全系数有一些差异，但总体是符合实际情况的。计算得到的安全系数结果见表 3-3。图 3-15～图 3-17 为斯宾塞法分析时边坡滑动面的具体情况。

边坡安全系数结果　　表 3-3

Results of slope safety factor　　Table 3-3

	瑞典条分法	毕肖普法	斯宾塞法	简布法	摩根斯坦-普赖斯法
整体	1.509	1.558	1.556	1.503	1.557
上边坡	1.085	1.143	1.135	1.077	1.133
下边坡	1.333	1.373	1.369	1.328	1.368

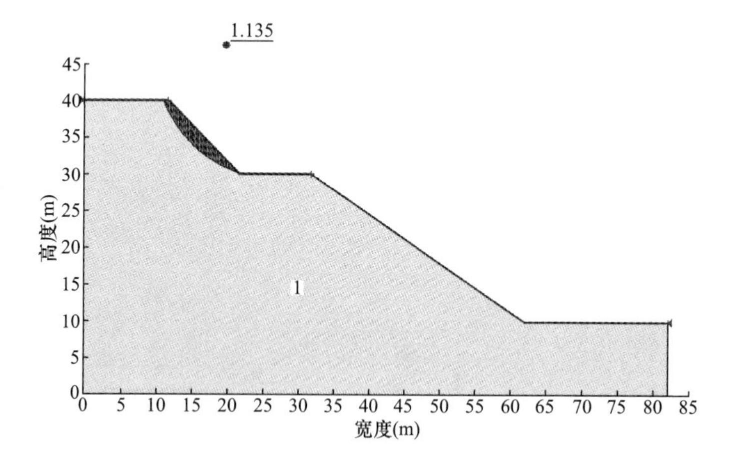

图 3-15　上边坡的稳定性分析

Figure 3-15　The Stability of upper slop

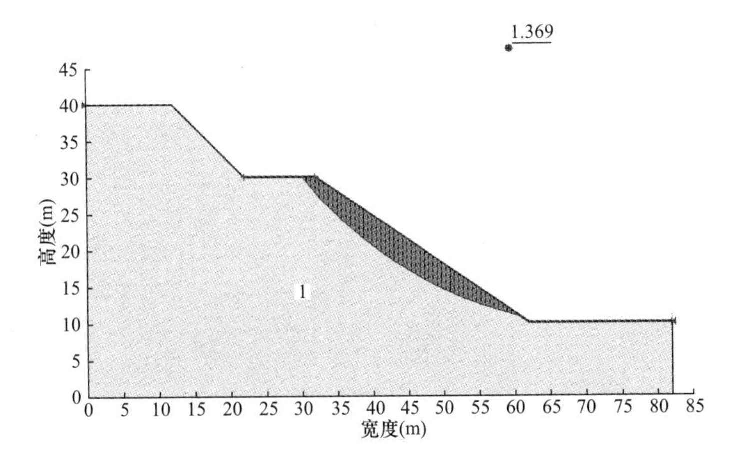

图 3-16　下边坡的稳定性分析

Figure 3-16　The Stability of underlying slope

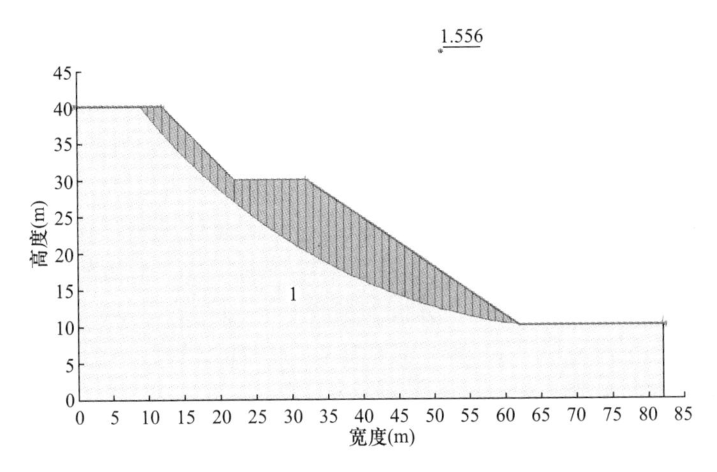

图 3-17　整个边坡的稳定性分析

Figure 3-17　The stability of the whole slope

3.3.2　边坡车辆荷载等效为当量土柱及其效果分析

本节分析边坡车辆荷载等效为当量土柱高度时边坡的稳定情况。按照《公路工程技术标准》JTG B01—2003 关于车辆荷载的参数取值，认为路基宽度范围均有荷载。把车辆荷载换算为当量土柱高时，换算土柱高度的计算公式为：

$$h_0 = \frac{NQ}{LB\gamma} \tag{3-63}$$

式中 h_0——当量土柱高，m；

B——横行分布车辆轮胎外缘之间的距离，m；

N——横向分布的车辆数；

L——前后轴距加轮胎着地长度，m；

Q——每辆车的总重，kN；

γ——土的容重，kN/m^3。

$$B = Nb + (N-1)d \tag{3-64}$$

式中 d——相邻两车辆之间的净距，m；

b——每辆车轮胎外缘之间的距离，m。

假设坡顶的车道还是边坡护坡道上的公路车道，均按双车道公路处理，也就是说荷载的横向分布系数取 2。根据公式（3-63）可以算出 B 等于 5.5m。汽车荷载采用"公路—Ⅰ级"，车重取 550kN，前后轴距加轮胎着地长度等于 13m。根据公式（3-63）可得：

$$h_0 = \frac{NQ}{LB\gamma} = \frac{2 \times 550}{13 \times 5.5 \times 21.5} = 0.72(\text{m})$$

也就是说汽车荷载等同于 0.72m 的土柱作用力。将得出的 0.72m 的土柱高度，分别布置在边坡的坡顶及边坡的护坡道上。在分析时，汽车荷载可能出现在坡顶和护坡道两个位置，这就出现三种组合：车辆荷载只布置在坡顶处、车辆荷载只布置在护坡道处、坡顶和护坡道处都布置车辆荷载。车辆荷载只布置在坡顶时的计算结果见表 3-4，其稳定性分析如图 3-18～图 3-20 所示；车辆荷载只布置在护坡道处时的计算结果见表 3-5，其稳定性分析如图 3-21～图 3-23 所示；坡顶和护坡道处都布置车辆荷载时有车辆荷载的计算结果见表 3-6，其稳定性分析如图 3-24～图 3-26 所示。

车辆荷载只布置在坡顶处的安全系数　　表 3-4

Results of safety factor only load located on the top of slop　　Table 3-4

	瑞典条分法	毕肖普法	斯宾塞法	简布法	摩根斯坦-普赖斯法
整体	1.397	1.518	1.521	1.408	1.523
上边坡	1.073	1.13	1.121	1.064	1.121
下边坡	1.333	1.373	1.369	1.328	1.368

当车辆荷载只布置在护坡道上时，分别采用极限平衡法中的瑞典条分法、毕肖普法、斯宾塞法、简布法等多种方法对该边坡的稳定性进行分析，计算出上边坡、下边坡及整体边坡的三个安全系数。

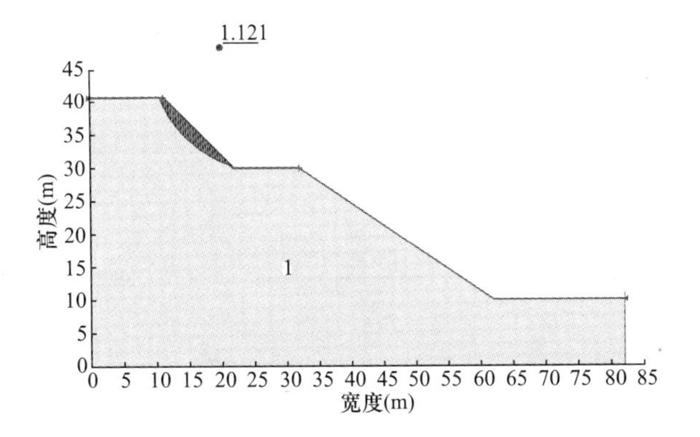

图 3-18 车辆荷载只布置在坡顶时上边坡的稳定性分析

Figure 3-18 The stability of upper slop only load located on the top of slop

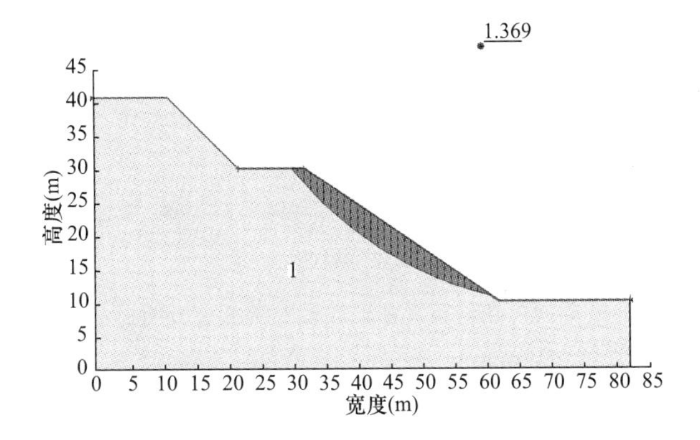

图 3-19 车辆荷载只布置在坡顶时下边坡的稳定性分析

Figure 3-19 The stability of underlying slope only load located on the top of slop

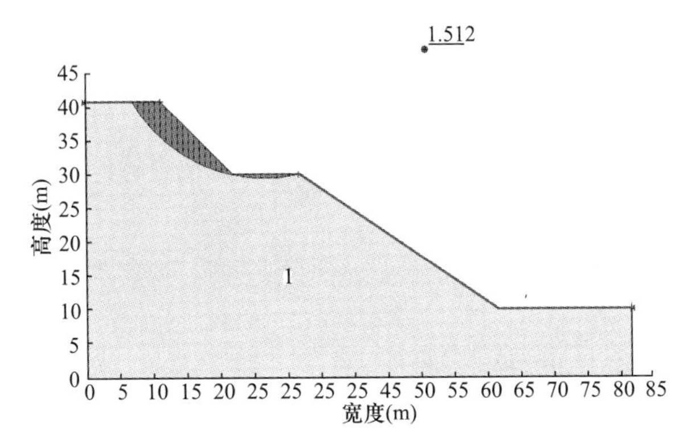

图 3-20 车辆荷载只布置在坡顶时整个边坡的稳定性分析

Figure 3-20 The stability of the whole slope only load located on the top of slop

车辆荷载只布置在护坡道上时的安全系数　　　　表 3-5

Safety factor only load located on the step of slop　　　　Table 3-5

	瑞典条分法	毕肖普法	斯宾塞法	简布法	摩根斯坦一普赖斯法
整体	1.494	1.543	1.542	1.492	1.543
上边坡	1.103	1.162	1.152	1.096	1.152
下边坡	1.325	1.367	1.362	1.322	1.362

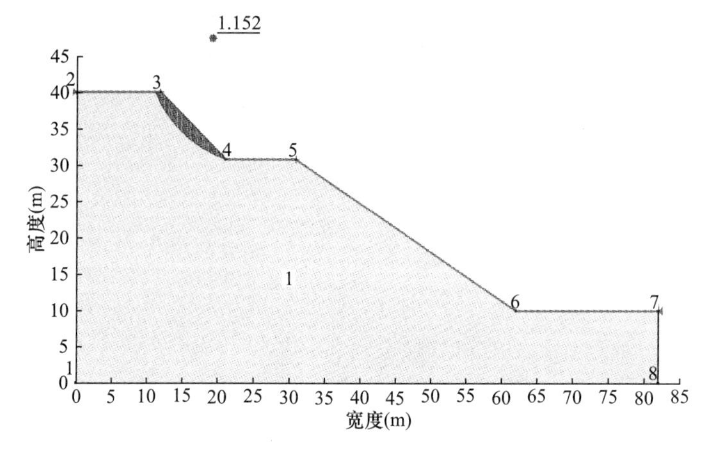

图 3-21　车辆荷载只布置在护坡道上时上边坡的稳定性分析

Figure 3-21　The stability of upper sloponly load located on the step of slop

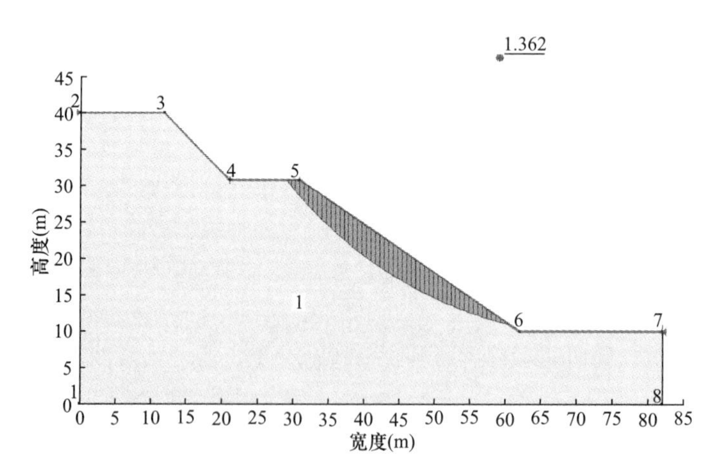

图 3-22　车辆荷载只布置在护坡道上时下边坡的稳定性分析

Figure 3-22　The stability of underlying slop onlyload located on the step of slop

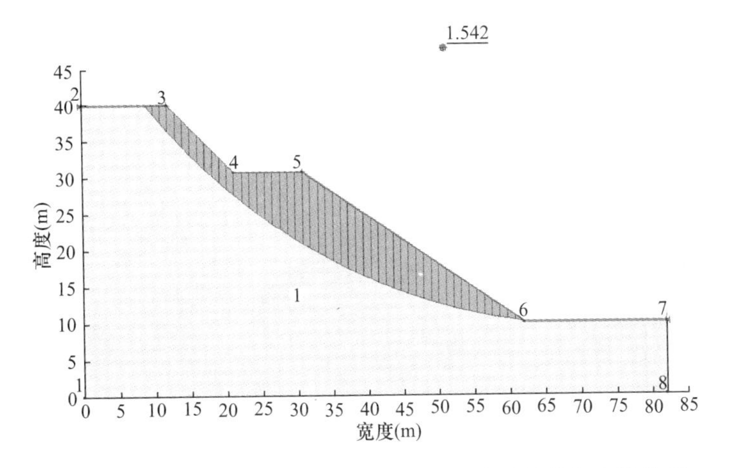

图 3-23 车辆荷载只布置在护坡道上时整个边坡的稳定性分析

Figure 3-23 The stability of the whole slop only load located on the step of slop

两个位置同时布置了车辆荷载时的安全系数 **表 3-6**

The safety factor with load both located on the top and step of slop Table 3-6

	瑞典条分法	毕肖普法	斯宾塞法	简布法	摩根斯坦-普赖斯法
整体	1.489	1.535	1.533	1.482	1.533
上边坡	1.088	1.145	1.137	1.082	1.135
下边坡	1.327	1.366	1.363	1.322	1.361

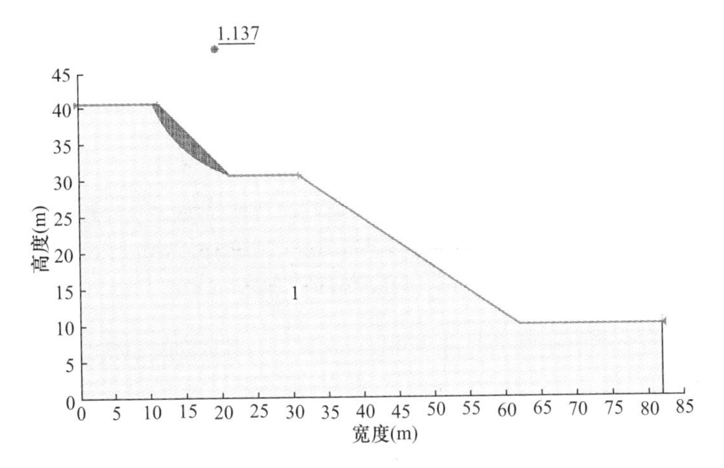

图 3-24 两个位置同时布置了车辆荷载时上边坡的稳定性分析

Figure 3-24 The stability of the upper slop with load both located on the top and step of slop

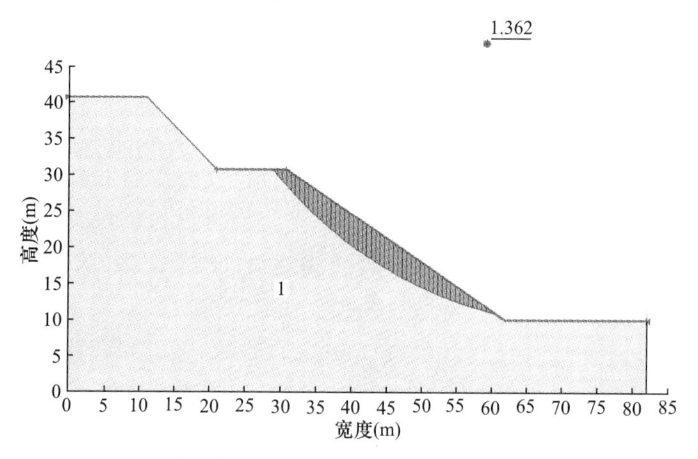

图 3-25 两个位置同时布置了车辆荷载时下边坡的稳定性分析

Figure 3-25 The stability of the underlying slop with load both located on the top and step of slop

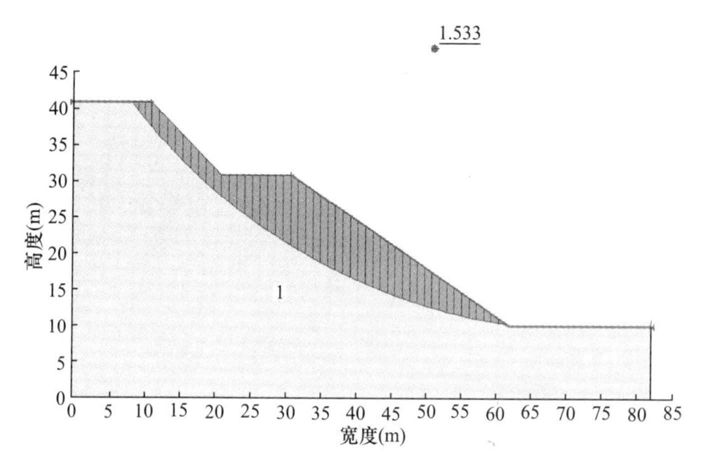

图 3-26 两个位置同时布置了车辆荷载时整个边坡的稳定性分析

Figure 3-26 The stability of the whole slop with load both located on the top and step of slop

当护坡道与边坡顶部都布置了车辆荷载时，分别采用极限平衡法中的瑞典条分法、毕肖普法、斯宾塞法、简布法等等多种方法对该边坡的稳定性进行分析，计算出上边坡、下边坡及整体边坡的三个安全系数。

3.3.3 边坡车辆荷载等效为均布荷载及其效果分析

本节讨论将边坡荷载等效为均布荷载时的作用效果。计算公式为：

$$q=\gamma h_0=\frac{NQ}{LB} \tag{3-65}$$

式中　q——均布荷载，kPa；其他字母的含义同公式 3-63。

采取上节相同的计算参数，计算得到均布荷载的大小：

$$q=\frac{2\times 550}{13\times 5.5}=15.4\,(\text{kPa})$$

均布荷载的布置也有三种情形：将荷载只布置在坡顶时，分别采用极限平衡法中的瑞典条分法、毕肖普法、斯宾塞法、简布法等多种方法对该边坡的稳定性进行分析，计算出上边坡、下边坡及整体边坡的三个安全系数，计算结果汇总见表 3-7，其稳定性分析如图 3-27～图 3-29 所示；将荷载只布置在护坡道上时，同样得到汇总后的安全系数见表 3-8，其稳定性分析如图 3-30～图 3-32 所示；在护坡道和边坡顶部同时布置了均布荷载时，其安全系数计算结果汇总见表 3-9，其稳定性分析如图 3-33～图 3-35 所示。

车辆荷载只布置在坡顶时的安全系数　　表 3-7

Results of safety factor only load located on the top of slop　　Table 3-7

	瑞典条分法	毕肖普法	斯宾塞法	简布法	摩根斯坦-普赖斯法
整体	1.363	1.502	1.504	1.377	1.506
上边坡	1.055	1.117	1.108	1.048	1.106
下边坡	1.333	1.373	1.368	1.328	1.368

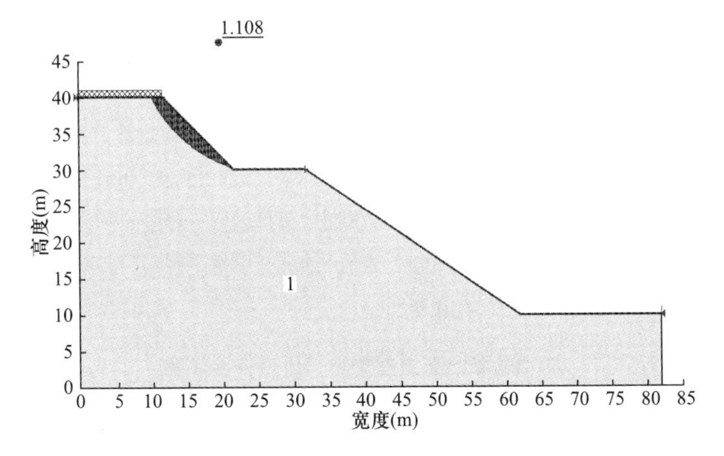

图 3-27　车辆荷载只布置在坡顶时上边坡的稳定性分析

Figure 3-27　The stability of upper slop only load located on the top of slope

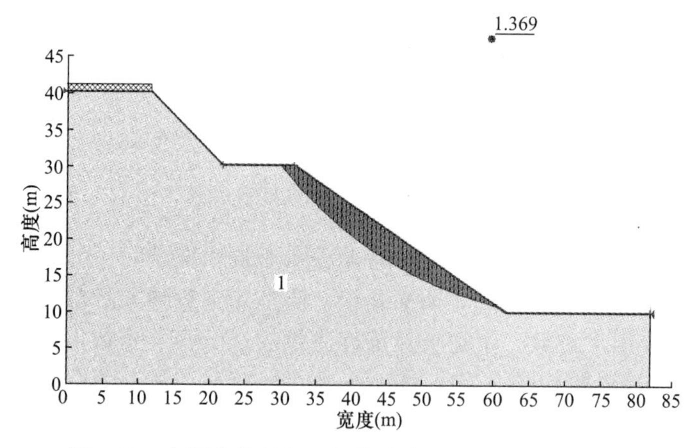

图 3-28　车辆荷载只布置在坡顶时下边坡的稳定性分析

Figure 3-28　The stability of underlying slope both load located on the top of slope

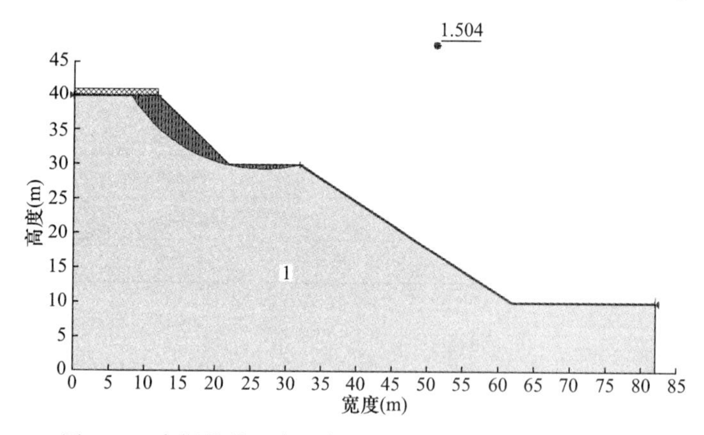

图 3-29　车辆荷载只布置在坡顶时整个边坡的稳定性分析

Figure 3-29　The stability of the whole slope both load located on the top of slope

只有护坡道上布置了车辆荷载时，分别采用极限平衡法中的瑞典条分法、毕肖普法、斯宾塞法、简布法等多种方法对该边坡的稳定性进行分析，计算出上边坡、下边坡及整体边坡的三个安全系数。

车辆荷载只布置在护坡道上时安全系数　　表 3-8

The safety factor only load located on the step of slop　　Table 3-8

	瑞典条分法	毕肖普法	斯宾塞法	简布法	摩根斯坦-普赖斯法
整体	1.494	1.546	1.542	1.492	1.541
上边坡	1.085	1.145	1.136	1.079	1.133
下边坡	1.316	1.358	1.356	1.315	1.355

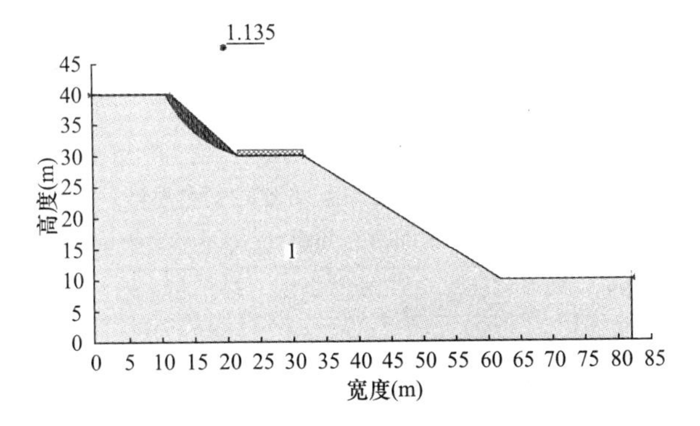

图 3-30　车辆荷载只布置在护坡道处上边坡的稳定性分析

Figure 3-30　The s stability of upper slop only load located on the step of slope

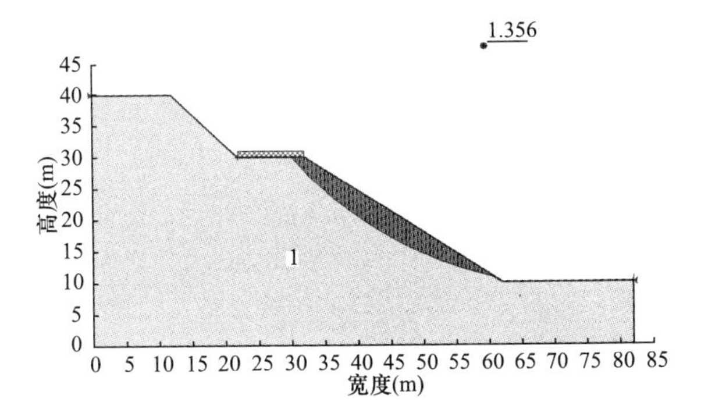

图 3-31　车辆荷载只布置在护坡道处下边坡的稳定性分析

Figure 3-31　The stability of underlying slop with load located on the step of slop

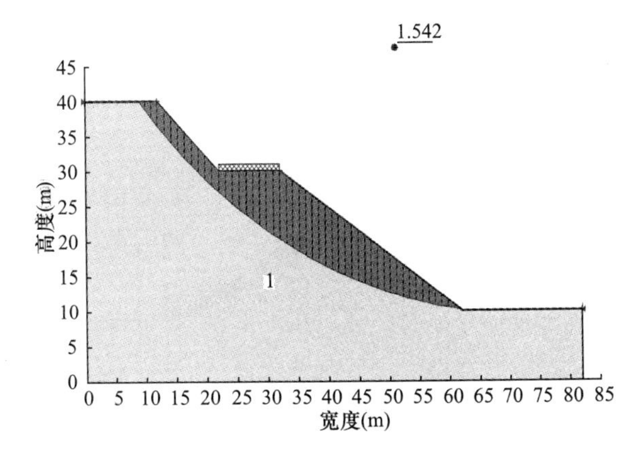

图 3-32　车辆荷载只布置在护坡道处整个边坡的稳定性分析

Figure 3-32　The stability of the whole slop only load located on the step of slope

当护坡道与边坡顶部都布置了车辆荷载时，分别采用极限平衡法中的瑞典条分法、毕肖普法、斯宾塞法、简布法等多种方法对该边坡的稳定性进行分析，计算出上边坡、下边坡及整体边坡的三个安全系数。

两个位置都布置了车辆荷载时安全系数　　表 3-9

Results of safety factor with load located on the top and step of slope　Table 3-9

	瑞典条分法	毕肖普法	斯宾塞法	简布法	摩根斯坦-普赖斯法
整体	1.486	1.535	1.533	1.48	1.534
上边坡	1.055	1.115	1.107	1.048	1.107
下边坡	1.316	1.358	1.356	1.313	1.357

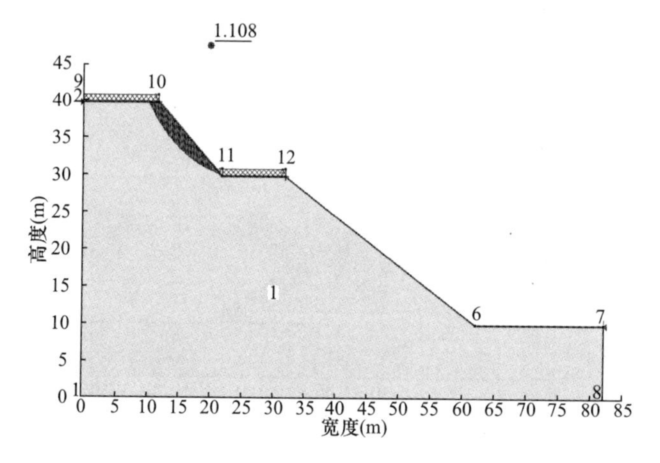

图 3-33　两个位置都布置了车辆荷载时上边坡的稳定性分析

Figure 3-33　The stability of the upper slop with load both located on the top and step of slope

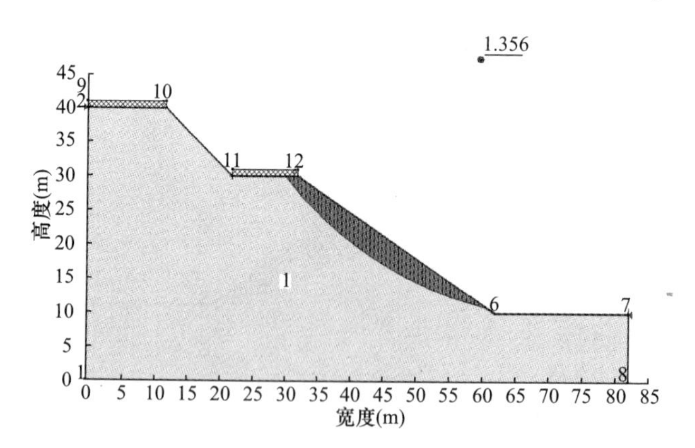

图 3-34　两个位置都布置了车辆荷载时下边坡的稳定性分析

Figure 3-34　The stability of the underlying slope with load both located on the top and step of slope

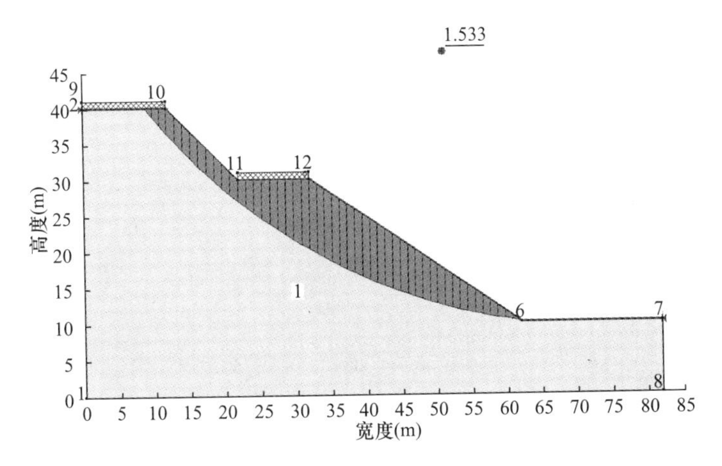

图 3-35　两个位置都布置了车辆荷载时整个边坡的稳定性分析

Figure 3-35　The stability of the whole slope with load both located on the top and step of slope

3.3.4　两种处理效果对比分析

对于车辆荷载的处理，其一是把车辆荷载换算成当量土柱高（方式Ⅰ），其二就是把车辆荷载折算为均布荷载（方式Ⅱ）。根据上面 2 种不同的荷载处理方式得到的上边坡、下边坡及整体边坡的安全系数表格，分析得到：在各种情况下，斯宾塞法和摩根斯坦-普赖斯法的分析结果是比较接近的。前面数据显示，毕肖普法计算的结果也与斯宾塞法计算结果相似。而瑞典条分法和简布法的计算数据都比斯宾塞法略微小一些，安全系数偏于小一些对工程设计是偏于安全的。分析斯宾塞法和摩根斯坦-普赖斯法的稳定的原因发现，该两种计算方法的计算假定条件正好与本算例很吻合。它们都是假定边坡同时满足力的平衡和力矩的平衡，进行极限平衡法计算的；而其他各种方法要么满足力的平衡，要么满足力矩的平衡。许多文献均认为在传统的极限平衡法中斯宾塞法、摩根斯坦-普赖斯法以及毕肖普法计算的结果相对其他极限平衡法而言，比较合理和可靠。因此，本书决定在以后的安全系数计算中，极限平衡法均采用斯宾塞法。

经过分析，本书选用斯宾塞法作为主要的稳定性计算方法。下面针对斯宾塞法计算的结果，对比分析方式Ⅰ和方式Ⅱ两种加载方式对边坡稳定研究有何区别以及影响程度，从中选出相对更合理的车辆荷载换算方式。

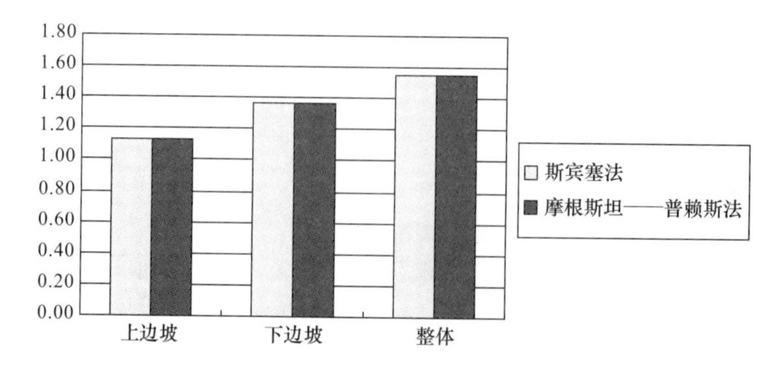

图 3-36　未加车辆荷载时边坡安全系数对比图

Figure 3-36　The comparison diagram of safety factor without load

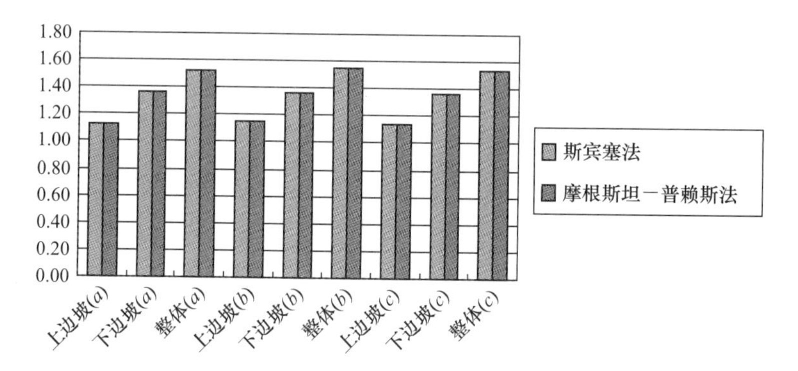

图 3-37　车辆荷载换算为当量土柱时的安全系数对比图

Figure 3-37　The comparison diagram of safety factor with load imposed by Equivalent soil column

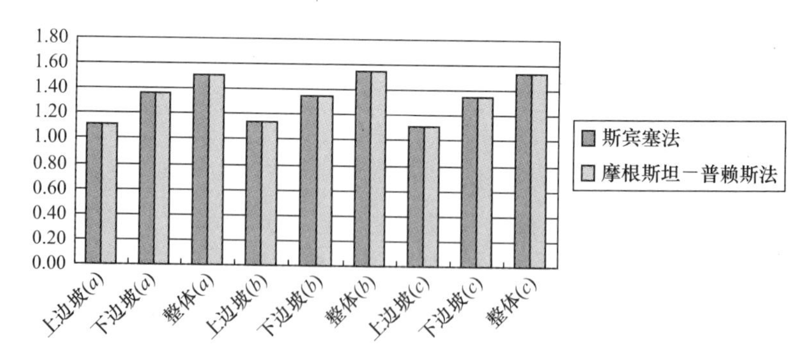

图 3-38　车辆荷载换算为均布荷载时的安全系数对比图

Figure 3-38　The comparison diagram of safety factor with load imposed by even load

图 3-39～图 3-41 为安全系数的对比图。从这三幅图中可以看出无论车辆荷载布置在边坡坡顶、护坡道上或两者同时布置，采取方式Ⅰ与方式Ⅱ的荷载换算方式得到的计算结果，相差都不大。对于上边坡的安全系数，两种换算方式的计算结果略有差别，但是对下边坡和边坡整体而言，两种换算方式的计算结果基本上是相同的。虽然两种换算方式对整体边坡的安全系数影响不大，但如果分别与未加车辆荷载时的安全系数进行对比，就有较大的差别。从图 3-39 可以看出当车辆荷载只布置在边坡顶部时，对上边坡和边坡的整体的稳定性会产生相对的不利影响比较大（安全系数下降较明显）。如图 3-40 所示，当车辆荷载只布置在护坡道上时，对下边坡和边坡整体的稳定性产生不利影响比较大。对比图 3-39 和图 3-40 可以得到，当车辆荷载只布置在边坡顶部时对整个边坡的稳定性影响略大于车辆荷载只布置在护坡道上对整个边坡稳定性的影响。这说明边坡上的车辆荷载对其直接作用下的边坡将产生较大的不利影响。对于上边坡来说，如图 3-40 所示，当车辆荷载只布置在护坡道上时，采取当量土柱换算车辆荷载方式计算得到的安全系数略大于未加车辆荷载时的安全系数。也就是说当车辆荷载布置在护坡道上时，对上边坡的安全系数有所提高，提高了上边坡的稳定性。

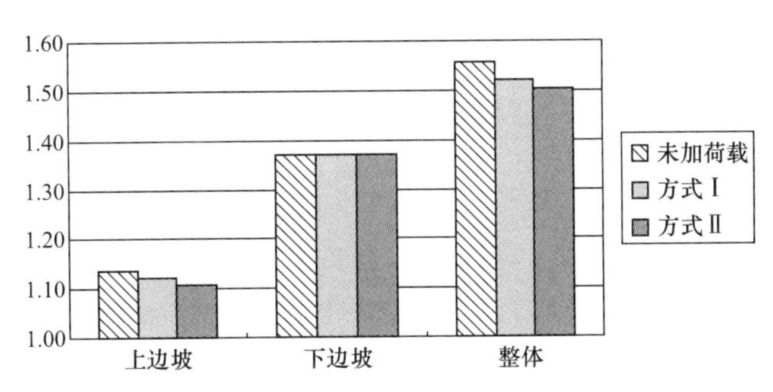

图 3-39　车辆荷载只布置在边坡顶部时的安全系数对比图

Figure 3-39　The comparison diagram of safity factor with load located on the top of slop

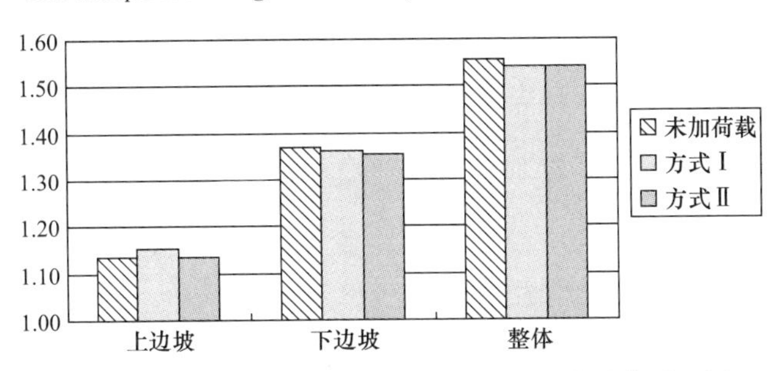

图 3-40　车辆荷载只布置在护坡道处的安全系数对比图

Figure 3-40　The comparison diagram of safity factor with load located on the step of slop

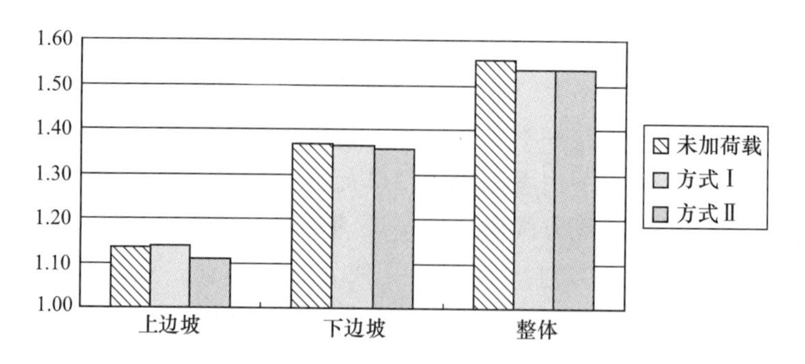

图 3-41 两个位置都布置了车辆荷载时的安全系数对比图

Figure 3-41 The comparison diagram of safity factor both load located on the top and step of slop

可见，如果采用当量土柱高度换算等效荷载（方式Ⅰ）时，等同于增加了护坡道的高度，同时也就等同于降低了上边坡的高度，因此上边坡的安全系数会提高。但是，这与实际情况可能会产生出入，因为如果护坡道上的车辆荷载能减少上边坡高度而提高上边坡的安全系数，那么上边坡的滑动面剪出口应该出现在护坡道宽度范围内，但是如图 3-15 所示，算例中上边坡的滑动面剪出口并不是出现在护坡道宽度范围内。如图 3-41 也所示，当坡顶和护坡道两个位置同时布置了车辆荷载时，采用当量土柱高度换算等效荷载的计算结果与未施加车辆荷载时的结果接近。分析得出，这也是由于在坡顶和护坡道同时增加相同的土柱高度后，相当于上边坡的高度没有变化。但是，事实推断车辆荷载的存在会对边坡的稳定性产生不利影响是肯定的，这一点也有出入。与此对应，如图 3-40 和图 3-41 所示中方式Ⅱ的计算结果显示当有车辆荷载存在时，边坡的安全系数是下降的，这与事实是相符的。因此，采用方式Ⅱ对车辆荷载进行等效换算比方式Ⅰ更加合理，也就是说把车辆荷载等效换算为均布车辆荷载相对更接近事实。

前面的安全系数对比表和相关的图中显示，边坡整体的安全系数普遍高于上边坡和下边坡的局部安全系数。尤其是当边坡车辆荷载只布置在上边坡时，整体边坡的安全系数显著降低后，还是高于上边坡和下边坡的局部安全系数；对于当边坡车辆荷载只布置在边坡顶部的情况下，虽然整个边坡的安全系数降低的幅度相对较大，但是从图 3-38 和图 3-39 能够看出，此时的滑动面剪出口已经变化到了护坡道附近。从这一点可以说：多级边坡车辆荷载作用下高边坡一般不会出现大规模整体边坡失稳，而更大可能是上边坡或下边坡的局部失稳。经过对比分析，在边坡车辆荷载的等效换算时，将边坡车辆荷载等效换算为均布荷载（方式Ⅱ）比把车辆荷载等效换算为当量土柱（方式Ⅰ）更加合理、计算结果更可信。

3.4 边坡车辆荷载对不同形状多级边坡稳定性极限平衡法分析

3.4.1 边坡车辆荷载对不同高度的多级边坡稳定性的影响分析

根据前面的分析，将边坡车辆荷载等效换算成均布荷载，选择斯宾塞法进一步分析，探讨超高边坡的高度发生变化时，车辆荷载对边坡的稳定性（安全系数）影响情况。本书选择五个假设的边坡模型，每个模型的高度各不相同。其中如图 3-42 所示（单位为 m）的假设边坡称为“模型一”。其他四个假设边坡模型只是依次在模型一的基础上增大边坡的高度，“模型二”的上下边坡高度均为“模型一”的是 1.5 倍，“模型三”的上下边坡高度均为“模型一”的是 2 倍，“模型四”的上下边坡高度均为“模型一”的是 2.5 倍，“模型五”的上下边坡高度均为“模型一”的是 3 倍。所有假设的边坡模型除高度发生变化外，坡度均为 1∶1.5，护坡道的宽度也不发生变化。同时假定四种工况：未加车辆荷载（称为“工况 0”）、边坡顶部布置车辆荷载（称为“工况 1”）、护坡道上布置车辆荷载（称为“工况 2”）、边坡顶部和护坡道都布置了车辆荷载（称为“工况 3”）。假设的各个边坡均采用均质的巴东组地质填料进行填筑：填料容重 $\gamma=21.5\text{kN/m}^3$，黏聚力 $c=5\text{kPa}$，内摩擦角 $\varphi=36°$。其中“边坡五”的总高度达到了 100m，是名副其实的超高边坡。

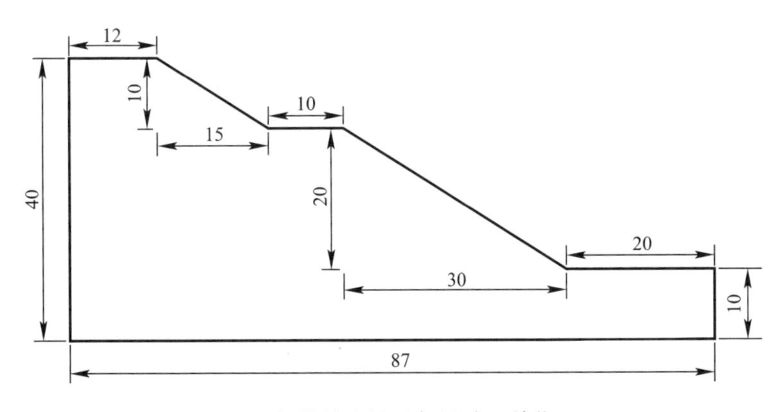

图 3-42　假设的边坡几何尺寸（单位：m）

Figure 3-42　The geometry size of Supposed slope

按照斯宾塞法对五个边坡在上述四种工况下进行分析，得到五个边坡模型在所有工况下的稳定安全系数，汇总见表 3-10 和表 3-11。根据上表的数据，将“工况 1”、“工况 2”、“工况 3”条件下得到的安全系数减去“工况 0”的安全系数，得到有车辆荷载作用下边坡安全系数的变化，计算的结果见表 3-12 和表 3-13，表中正数表示车辆荷载作用下边坡稳定性提高了，零表示稳定性没变化，负数表示稳定性降低了。表 3-12 和表 3-13 显示当车辆荷载只布置在边坡坡顶时，下边坡的安全系数没有变化（表中数据为 0）；当车辆荷载只布置在边坡的护坡道上时，上边坡的稳定性没有变化，说明车辆荷载只对紧邻其下的一个边坡安全系数产生影响；该结论与前面的计算结果是相符的。

边坡模型一、模型二、模型三的安全系数表　　表 3-10

The results of safety factor（model1、model2、model3）　　Table 3-10

	模型一（20+10）			模型二（30+15）			模型三（40+20）		
	上边坡	下边坡	整体	上边坡	下边坡	整体	上边坡	下边坡	整体
工况 0	1.530	1.369	1.652	1.423	1.307	1.498	1.371	1.274	1.412
工况 1	1.492	1.369	1.646	1.409	1.307	1.496	1.359	1.274	1.4103
工况 2	1.530	1.356	1.641	1.423	1.302	1.493	1.371	1.269	1.409
工况 3	1.492	1.356	1.636	1.409	1.302	1.49	1.359	1.269	1.407

边坡模型四、模型五的安全系数表　　表 3-11

The results of safety factor of model4 and model5　　Table 3-11

	模型四（50+25）			模型五（60+30）		
	上边坡	下边坡	整体	上边坡	下边坡	整体
工况 0	1.335	1.249	1.357	1.308	1.2326	1.3200
工况 1	1.327	1.249	1.3554	1.301	1.2326	1.3189
工况 2	1.335	1.2464	1.3549	1.308	1.2302	1.3182
工况 3	1.327	1.2464	1.3536	1.301	1.2302	1.3176

边坡模型一、模型二、模型三安全系数变化表　　表 3-12

The results of decline of safety factor（model1、model2、model3）　　Table 3-12

	模型一（20+10）			模型二（30+15）			模型三（40+20）		
	上边坡	下边坡	整体	上边坡	下边坡	整体	上边坡	下边坡	整体
工况 1	−2.48%	0.00%	−0.36%	−0.98%	0.00%	−0.13%	−0.88%	0.00%	−0.12%
工况 2	0.00%	−0.95%	−0.67%	0.00%	−0.38%	−0.33%	0.00%	−0.39%	−0.21%
工况 3	−2.48%	−0.95%	−0.97%	−0.98%	−0.38%	−0.53%	−0.88%	−0.39%	−0.35%

边坡模型四、模型五的安全系数变化表　　表 3-13

The results of decline of safety factor of model4 and model5　　Table 3-13

	模型四（50+25）			模型五（60+30）		
	上边坡	下边坡	整体边坡	上边坡	下边坡	整体边坡
工况 1	−0.6%	0	−0.12%	−0.54%	0	−0.08%
工况 2	0	−0.21%	−0.15%	0	−0.19%	−0.14%
工况 3	−0.6%	−0.21%	−0.25%	−0.54%	−0.19%	−0.18%

首先，当车辆荷载只布置在边坡顶部的时候，表 3-12 和表 3-13 中的数据中没有一个正值，说明从没有车辆荷载到增设车辆荷载过程中，超高边坡的稳定性是不利的，安全系数是负增长的。要了解车辆荷载对稳定性的影响程度，可以将表 3-12 和表 3-13 中的数据的绝对值绘制变化趋势图如图 3-43（工况 1）所示，绝对值大的说明安全系数变化大，也就是车辆荷载对边坡稳定性产生的负面影响严重，反之，绝对值小说明安全系数变化小，也就是车辆荷载对边坡稳定性产生的负面影响很小。从图 3-43 中还可以得出一个安全系数随边坡高度发生变化的趋势，无论上边坡还是整个边坡，在边坡高度较小时（尤其是边坡模型一），增设车辆荷载对边坡的稳定性负面影响较大；随着边坡高度的增大（尤其是边坡模型五，整体高度达到 100m），增设车辆荷载对边坡的稳定性产生的负面影响也越来越小，并且有趋于 0 的趋势。其次，把工况 2 和工况 3 条件下安全系数的变化趋势绘制成图 3-44 和图 3-45，观察这两个图中也可以得到上述基本相同趋势和结论。如图 3-43 和图 3-44 所示，车辆荷载对边坡整体的安全系数降低程度小于对上边坡、下边坡的影响。究其原因，在对边坡整体分析时，相当于提高了边坡高度、增大了边坡规模，坡顶或护坡道上增加的局部车辆荷载相对于更大规模的边坡体量，影响程度理所当然下降了。这也恰好符合本书得出的车辆荷载对边坡稳定性的影响程度随边坡高度增大而减小的结论。另外，对于边坡模型三，整个坡高为 60m 时，上边坡的高度其实为 20m；对于边坡模型一，总高度为 30m，下边坡的高度也为 20m；对于这两个同样是 20m 高而分别处于上边坡、下边坡不同位置的边坡，如图 3-45 所示，总高为 60m 时上边坡上的点和坡高为 30m 时下边坡上的点几乎在同一水平线上，也就是说在边坡坡度一样的条件下，高度相等的边坡在同样大小的车辆荷载作用下，其对边坡的稳定性影响与该边坡在整体边坡的上下位置无关。同样如图 3-45 所示，边坡模型五的上边坡（高为 30m）和边坡模型四的下边坡（高为 30m）的安全系数变化值，也可以得到这个规律。这也说明分析计算得到的安全系数及其变化规律是合理的、可信的。

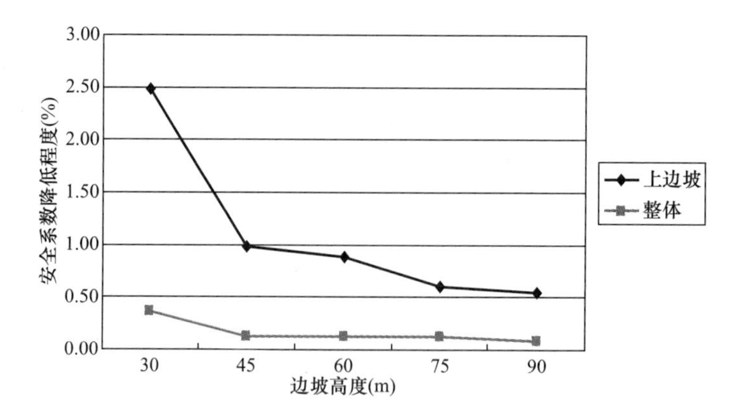

图 3-43　稳定性下降程度随边坡高度变化趋势图（工况 1）

Figure 3-43　The tendency chart of decline of safety factor with slope height（condition1）

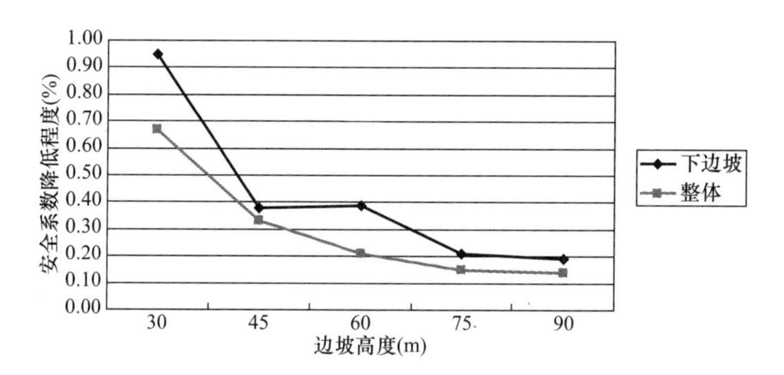

图 3-44　稳定性下降程度随边坡高度变化趋势图（工况 2）

Figure 3-44　The tendency chart of decline of safety factor with slope height（condition2）

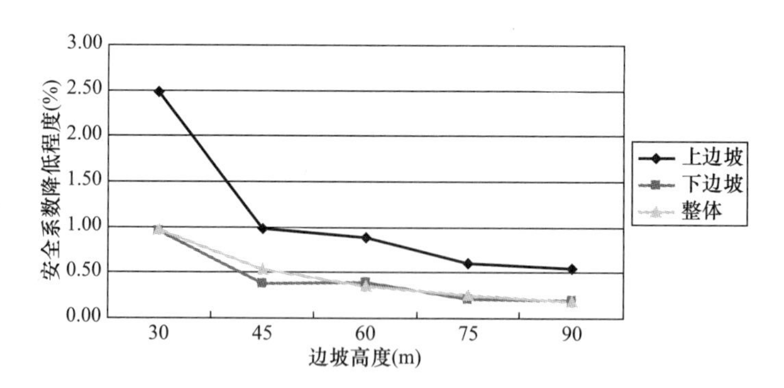

图 3-45　稳定性下降程度随边坡高度变化趋势图（工况 3）

Figure 3-45　The tendency chart of decline of safety factor with slpoe height（condition3）

将车辆荷载只布置在边坡坡顶（工况 1）和只布置在护坡道上（工况 2）对整体边坡的安全系数影响情况是不相同的，为研究这两者的区别，可以根据表 3-12 和表 3-13 绘出工况 1 与工况 2 对边坡整体安全系数影响程度的对比图（如图 3-46 所示）。从边坡整体的角度分析哪种工况对边坡的稳定性产生的不利影响更大些。研究发现工况 2 对边坡整体的安全系数的影响明显高于工况 1 的影响，特别是在边坡高度较小（边坡模型一）的情况下，这种差别尤为明显。也就是说超高边坡护坡道上的车辆荷载，比坡顶上的车辆荷载对边坡的稳定性将产生更大的负面影响，这种区别随着整体边坡总高度的增加逐渐变得不明显。

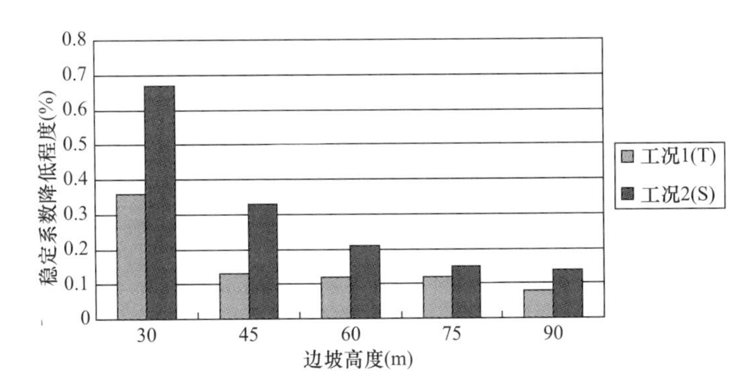

图 3-46 车辆荷载的位置对边坡整体安全系数影响的对比图（工况 1 与工况 2）

Figure 3-46 The comparison diagram of change in safety factor of whole slop with different location（condition1 and conditon2）

3.4.2 边坡车辆荷载对不同坡度的多级边坡稳定性的影响分析

本节将边坡车辆荷载等效换算成均布荷载，选择斯宾塞法进一步分析，探讨超高边坡的坡度发生变化时，车辆荷载对边坡的稳定性（安全系数）影响情况。本书选择五个假设的边坡模型，每个模型的坡度各不相同。其中如图 3-47 所示（单位为 m）的假设边坡称为“模型八”。其他四个假设边坡模型只是依次在模型八的基础上变化边坡的坡度，“模型六”坡度为 1∶0.75，“模型七”坡度为 1∶1，“模型九”的坡度为 1∶1.75，“模型十”坡度为 1∶2。所有假设的边坡模型除坡度发生变化外，总高度均为 70m，属于超高边坡，边坡的护坡道的宽度也不发生变化。同时假定四种工况：未加车辆荷载（称为“工况 0”）、边坡顶部布置车辆荷载（称为“工况 1”）、护坡道上布置车辆荷载（称为“工况 2”）、边坡顶部和护坡道都布置了车辆荷载（称为“工况 3”）。假设的各个边坡均采用均质的巴东组地质填料进行填筑：填料容重 $\gamma=21.5\mathrm{kN/m^3}$，黏聚力 $c=5\mathrm{kPa}$，内摩擦角 $\varphi=36°$。

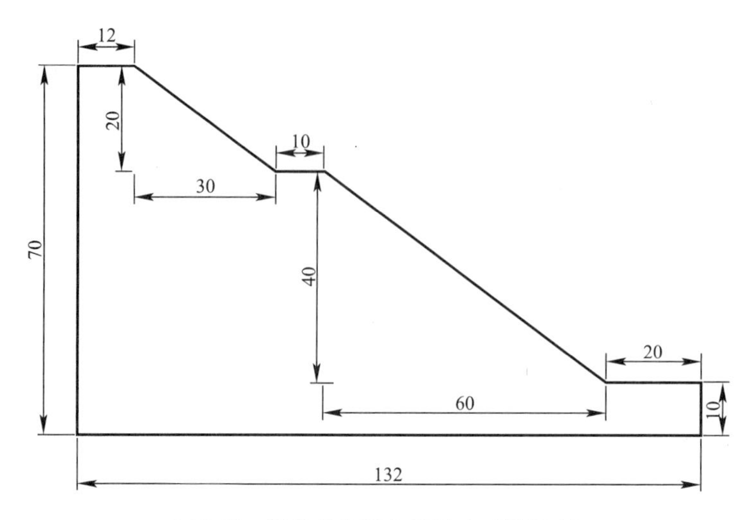

图 3-47 假设的边坡几何尺寸（模型八）

Figure 3-47 The geometry size of supposed slope (model8)

边坡模型六、模型七、模型八的安全系数表　　表 3-14

The results of safety factor (model6、model7、model8)　　Table 3-14

	模型六（1∶0.75）			模型七（1∶1）			模型八（1∶1.5）		
	上边坡	下边坡	整体	上边坡	下边坡	整体	上边坡	下边坡	整体
工况 0	0.829	0.736	0.89	1.006	0.912	1.06	1.371	1.274	1.412
工况 1	0.818	0.736	0.888	0.995	0.911	1.058	1.359	1.274	1.4103
工况 2	0.829	0.733	0.887	1.006	0.9086	1.057	1.371	1.269	1.409
工况 3	0.818	0.733	0.885	0.995	0.9086	1.055	1.359	1.269	1.407

边坡模型九、模型十的安全系数表　　表 3-15

The results of safety factor (model9 and model10)　　Table 3-15

	模型九（1∶1.75）			模型十（1∶2）		
	上边坡	下边坡	整体	上边坡	下边坡	整体
工况 0	1.558	1.458	1.592	1.744	1.641	1.772
工况 1	1.546	1.458	1.59	1.734	1.641	1.7701
工况 2	1.558	1.455	1.589	1.744	1.638	1.7695
工况 3	1.546	1.455	1.5875	1.734	1.637	1.767

按照斯宾塞法对五个边坡在上述四种工况下进行分析，得到五个边坡模型在所有工况下的安全系数，汇总见表 3-14 和表 3-15。根据上表的数据，将“工况 1”、“工况 2”、“工况 3”条件下得到的安全系数减去“工况 0”的安全系数得到表 3-16 和表 3-17。

边坡模型六、模型七、模型八安全系数变化表　　表 3-16

The calculation results of decline of safety factor（model6～model8）

Table 3-16

	模型六（1∶0.75）			模型七（1∶1）			模型八（1∶1.5）		
	上边坡	下边坡	整体	上边坡	下边坡	整体	上边坡	下边坡	整体
工况 1	−1.33%	0.00%	−0.22%	−1.09%	0.00%	−0.19%	−0.88%	0.00%	−0.12%
工况 2	0.00%	−0.41%	−0.34%	0.00%	−0.37%	−0.28%	0.00%	−0.39%	−0.21%
工况 3	−1.33%	−0.41%	−0.56%	−1.09%	−0.37%	−0.47%	−0.88%	−0.39%	−0.35%

模型九、模型十的安全系数变化表　　表 3-17

The calculation results of decline of safety factor（model9 and model10）

Table 3-17

	模型九（1∶1.75）			模型十（1∶2）		
	上边坡	下边坡	整体	上边坡	下边坡	整体
工况 1	−0.77%	0.00%	−0.13%	−0.57%	0.00%	−0.11%
工况 2	0.00%	−0.21%	−0.19	0.00%	−0.18%	−0.14%
工况 3	−0.77%	−0.21%	−0.28%	−0.57%	−0.24%	−0.28%

表 3-16 和表 3-17 数据表示增加车辆荷载后安全系数的变化情况。表中正数表示车辆荷载作用下边坡稳定性提高了，零表示稳定性没变化，负数表示稳定性降低了。表 3-16 和表 3-17 显示当车辆荷载只布置在边坡坡顶时，下边坡的安全系数没有变化（表中数据为 0）；当车辆荷载只布置在边坡的护坡道上时，上边坡的稳定性没有变化，说明车辆荷载只对紧邻其下的一个边坡安全系数产生影响；该结论与前面的分析结果也是相符的。表 3-16 和表 3-17 中的数据中没有出现正数，表明增设车辆荷载对任何坡度的边坡模型稳定性都不能起到正面影响。

要了解车辆荷载对稳定性的影响程度，可以将表 3-16 和表 3-17 中的数据的绝对值绘制变化趋势图如图 3-48（工况 1）所示，绝对值大的说明安全系数变化大，也就是车辆荷载对边坡稳定性产生的负面影响严重，反之，绝对值小说明安全系数变化小，也就是车辆荷载对边坡稳定性产生的负面影响很小。如图 3-48 所示，还可以得出一个安全系数随边坡坡度发生变化的趋势，在边坡坡度较陡时（尤其是边坡模型六），增设车辆荷载对边坡的稳定性负面影响较大；随着边坡坡度的减缓（尤其是边坡模型十），增设车辆荷载对边坡的稳定性产生的负面影响也越来越小，并且有趋于 0 的趋势。可见工况 1 对上边坡的影响较大，并且随着坡度的减缓而减小；工况 1 对整体的稳定性影响不大，并且随坡度减低而减小，但变化的幅度都不大。其次，把工况 2 和工况 3 条件下安全系数的变化趋势绘制如图 3-49 和图 3-50 所示，观察这两个图中也可以得到上述基本相同趋势和结论。如图 3-48 和图 3-49 所示，车辆荷载对边坡整体的安全系数降低程度小于对上边坡、下边坡的影响。这也恰好符合本书得出的车辆荷载对边坡稳定性的影响程度随边坡坡度变缓而减小的结论。工况 2 对下边坡安全系数的影响规律也是随坡度的变缓而减小，对边坡整体的影响也随坡度的变缓而减小，但并不像工况 1 那样对边坡整体安全系数的影响幅度很小，并且还没有趋于 0 的趋势。工况 3 对边坡的安全系数影响不管是上边坡、下边坡还是整体看，都是随着坡度的变缓而减小；在工况 3 下，车辆荷载对边坡整体安全系数的影响程度大于对下边坡的影响，但相差不大。

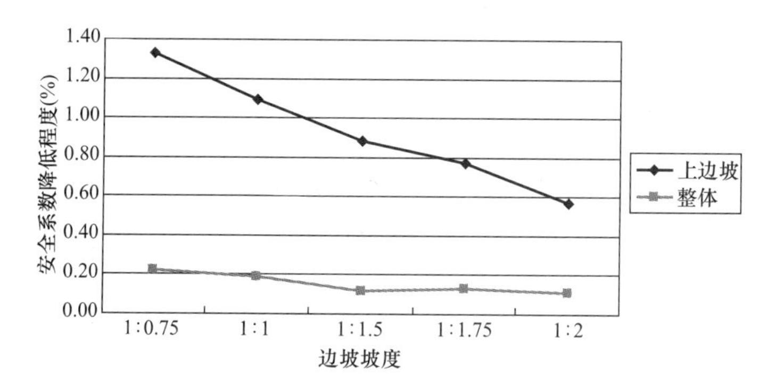

图 3-48 稳定性下降程度随边坡坡度变化趋势图（工况 1）
Figure 3-48 The tendency chart of decline of safety factor with slope gradient (condition1)

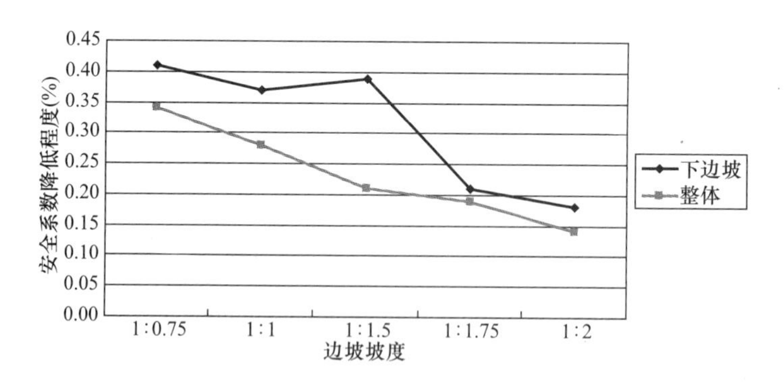

图 3-49 稳定性下降程度随边坡坡度变化趋势图（工况 2）
Figure 3-49 The tendency chart of decline safety factor with slpoe gradient (condition2)

将车辆荷载只布置在边坡坡顶（工况 1）和只布置在护坡道上（工况 2）对整体边坡的安全系数影响情况是不相同的，为研究这两者的区别，可以根据表 3-16 和表 3-17 绘出工况 1 与工况 2 对边坡整体安全系数影响程度的对比图（如图 3-51 所示）。从边坡整体的角度分析哪种工况对不同坡度边坡的稳定性产生的不利影响更大些。如图 3-51 所示，工况 2 对边坡稳定性的影响明显高于工况 1 对边坡稳定性的影响，特别是在边坡坡度较大（模型六）的情况下，这种差别特别明显。也就是说超高边坡护坡道上的车辆荷载，比坡顶上的车辆荷载对边坡的稳定性将产生更大的负面影响，这种区别随着边坡坡度变缓逐渐变得不明显。

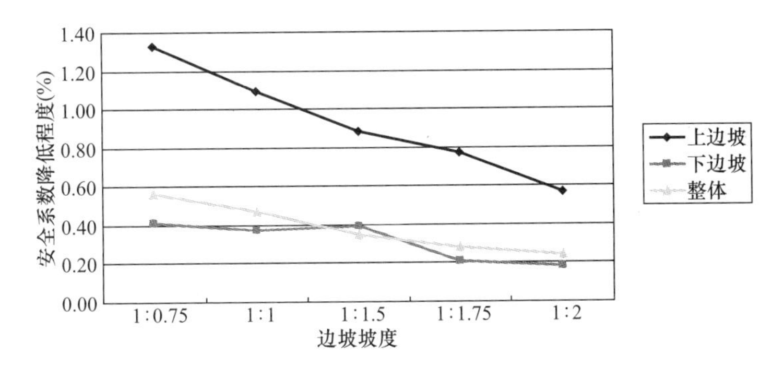

图 3-50　稳定性下降程度随边坡坡度变化趋势图（工况 3）

Figure 3-50　The tendency chart of decline safety factor with slope gradient（condition3）

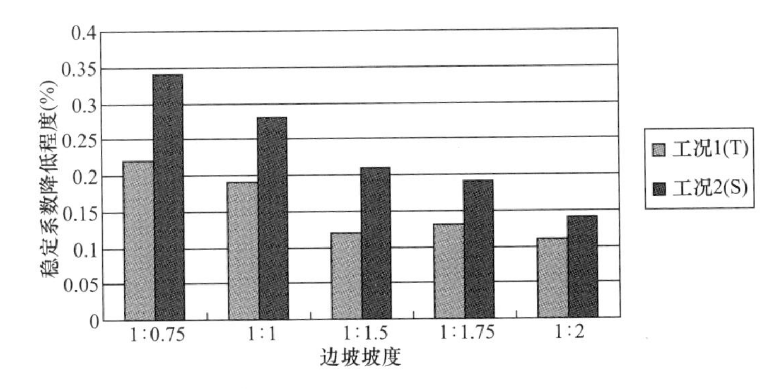

图 3-51　车辆荷载的位置对边坡整体安全系数影响的对比图（工况 1 与工况 2）

Figure 3-51　The comparison diagram of change in safety factor of whole slop with different location（condition1 and conditon2）

3.5 边坡车辆荷载作用下多级边坡应力分布规律研究

3.5.1 不同高度的多级边坡应力应变分布规律

采取把车辆荷载等效换算为均布荷载的处理方式，运用有限元强度折减法探讨超高边坡的高度发生变化时，随着边坡高度的变化时，车辆荷载作用下多级边坡的应力应变分布规律。假设的五个边坡模型与前面一致，每个模型的高度各不相同。其中如图 3-42 所示（单位为 m）的假设边坡称为“模型一”。其他四个假设边坡模型只是依次在模型一的基础上增大边坡的高度，“模型二”的上下边坡高度均为“模型一”的 1.5 倍，“模型三”的上下边坡高度均为“模型一”的 2 倍，“模型四”的上下边坡高度均为“模型一”的 2.5 倍，“模型五”的上下边坡高度均为“模型一”的 3 倍。所有假设的边坡模型除高度发生变化外，坡度均为 1∶1.5，护坡道的宽度也不发生变化。同时假定四种工况：未加车辆荷载（称为“工况 0”）、边坡顶部布置车辆荷载（称为“工况 1”）、护坡道上布置车辆荷载（称为“工况 2”）、边坡顶部和护坡道都布置了车辆荷载（称为“工况 3”）。假设的各个边坡均采用均质的巴东组地质填料进行填筑：填料容重 $\gamma=21.5\text{kN/m}^3$，黏聚力 $c=5\text{kPa}$，内摩擦角 $\varphi=36°$。其中“边坡五”的总高度达到了 100m，是名副其实的超高边坡。

本分析采用 ANSYS 软件，单元类型选用六节点的三角形单元，单元格的边长设置为 3m。因为 ANSYS 软件分析不需要假定滑动面，分析结果就不会出现极限平衡法中的那样上、下边坡不统一，只会产生一个最危险的情况。如果采用 ANSYS 中的 DP1 准则为边坡失稳的判据，也就是说计算出来的安全系数是在 DP1 准则下的安全系数，但是根据文献，在计算边坡的平面应变问题时，如果采用平面应变摩尔-库伦匹配准则（DP5）时精度更高，并且十分接近于传统的摩尔-库伦准则计算结果，综合多方面因素考虑，本书采用 DP5 准则下的安全系数。采用 ANSYS 软件的对五个边坡在上述四种工况下进行分析，得到五个边坡模型在所有工况下的安全系数，汇总见表 3-18。根据上表的数据，将“工况 1”、“工况 2”、“工况 3”条件下得到的安全系数减去“工况 0”的安全系数得到结果见表 3-19。表 3-19 中的数据表示增加车辆荷载后安全系数的变化情况。表中正数表示车辆荷载作用下边坡稳定性提高了，零表示稳定性没变化，负数表示稳定性降低了。表 3-19 数据中没有出现正数，表明增设车辆荷载对任何高度的边坡模型稳定性都不能起到正面影响。

边坡安全系数表 **表 3-18**

The results of safety factor **Table 3-18**

	模型一 (20+10)	模型二 (30+15)	模型三 (40+20)	模型四 (50+25)	模型五 (60+30)
工况 0	1.344	1.253	1.21	1.192	1.164
工况 1	1.339	1.253	1.21	1.192	1.164
工况 2	1.321	1.248	1.205	1.192	1.164
工况 3	1.321	1.248	1.205	1.192	1.164

安全系数随填方高度变化下降比例 **表 3-19**

The results of decline of safety factor **Table 3-19**

	模型一 (20+10)	模型二 (30+15)	模型三 (40+20)	模型四 (50+25)	模型五 (60+30)
工况 1	−0.37%	0%	0.%	0%	0%
工况 2	−1.71%	−0.4%	−0.41%	0%	0%
工况 3	−1.71%	−0.4%	−0.41%	0%	0%

要了解车辆荷载对稳定性的影响程度，可以将表 3-19 中数据的绝对值绘制变化趋势图如图 3-52 所示（工况 1～工况 3），绝对值大的说明安全系数变化大，也就是车辆荷载对边坡稳定性产生的负面影响严重，反之，绝对值小说明安全系数变化小，也就是车辆荷载对边坡稳定性产生的负面影响很小。如图 3-52 所示，不管是工况 1 还是工况 2、工况 3，在边坡高度较小时（如模型一），车辆荷载对边坡的安全系数降低较大；边坡高度的越大（如模型五），车辆荷载对边坡的安

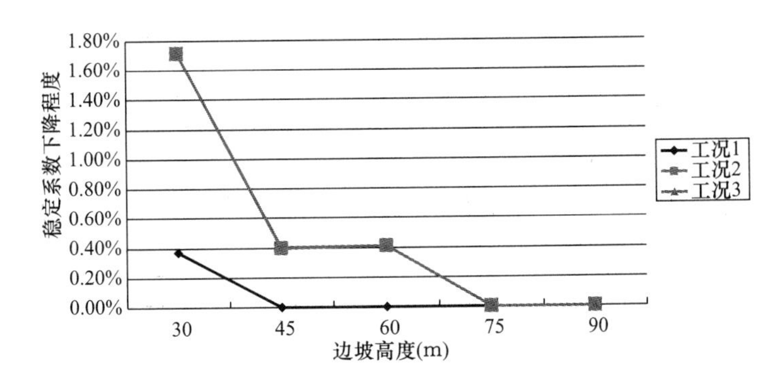

图 3-52 安全系数降低程度随高度变化趋势图

Figure 3-52 The tendency chart of decline in the degree of safety factor with height

全系数影响程度越小，并且有趋于 0 的趋势。不论是工况 1 还是工况 2、工况 3，它们对模型四和模型五这类超高边坡的安全系数影响都是“0”。就是说，无论坡顶车辆荷载还是边坡护坡道上布置的车辆荷载，其对模型五这种高达 100m 的超高边坡安全系数的影响几乎没有。如图 3-52 所示，工况 2 对边坡安全系数的影响大于工况 1，也就是说当车辆荷载只布置在护坡道处时，对边坡的安全系数影响更大。表中工况 2 与工况 3 对边坡安全系数的变化相等，这也说明当车辆荷载布置在护坡道上时，其对边坡安全系数的影响大于车辆荷载只布置在边坡坡顶位置。或者说工况 3 作用下，布置在边坡坡顶的车辆荷载对边坡的影响几乎为 0。这些结论与前面采用传统极限平衡法理论中得到的结论大致是相同的。

因为采用 ANSYS 软件分析时，不能分别对上边坡、下边坡进行单独分析，只能得出整个边坡的一个破裂面。分析得到的结果如图 3-53～图 3-60 所示，这些图反映了模型一在工况 0、工况 1、工况 2、工况 3 条件下，计算不收敛时的水平方向位移云图以及等效塑性应变图。水平方向位移云图显示，水平位移最大的地方出现在下边坡，也就说明下边坡最不稳定；在等效塑性应变图中，用塑性应变带显示的滑动面也都是出现在下边坡，说明下边坡最先出现失稳破坏。在前面采用传统边坡计算中，根据表 3-10 和表 3-11，在任何工况下都是下边坡的稳定系数最小，也就说边坡最先产生破坏的应该是下边坡。可见采用强度折减法分析得到的结果与采用极限平衡法得到的结果是完全一致的。如果把表 3-18 与表 3-10 和表 3-11 进行对比分析，可以发现相同模型和相同工况下，表 3-18 中的数据略微偏小。由于 ANSYS 软件分析得到的滑动面都出现在下边坡，单独就下边坡而言，表 3-18 中安全系数比表 3-10 和表 3-11 中的下边坡的安全系数也有较明显的下降。究其原因，主要是因为在极限平衡法中分析下边坡的稳定性时假定上边坡是稳定的，不考虑上部土体对下边坡的不利影响，算出的安全系数偏大；而 ANSYS 软件分析时没有这样的限制，上边坡土体对下边坡的安全系数产生了一定的不利影响。因此得到的数据都较前面相应的数据小，计算结果偏于安全。

3.5.2 不同坡度的多级边坡应力应变规律研究

在本小节中，采用的边坡模型为模型六～模型十，采用的工况与有限元强度折减法均与上节一致。本节重点采用 ANSYS 软件分析车辆荷载对不同坡度的多级边坡的稳定性的影响。假设的各个边坡模型均采用均质的巴东组地质填料进行填筑：填料容重 $\gamma=21.5\text{kN/m}^3$，黏聚力 $c=5\text{kPa}$，内摩擦角 $\varphi=36°$。

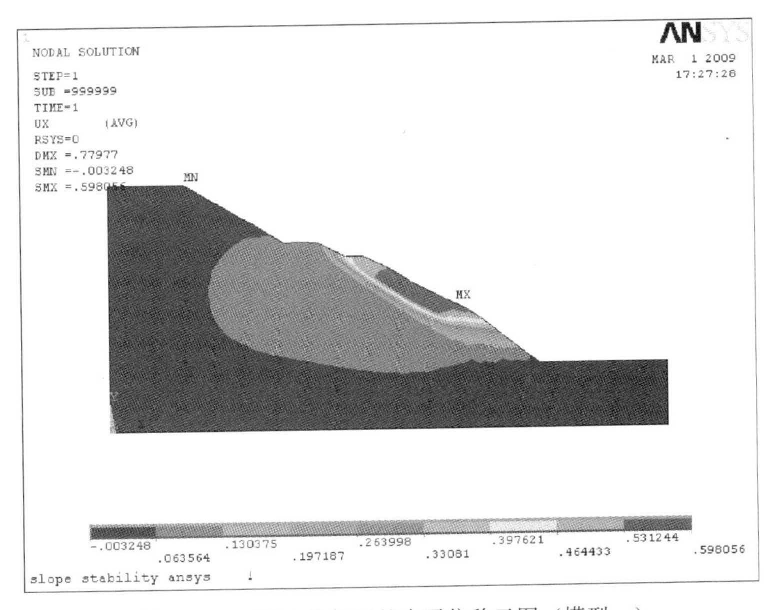

图 3-53　工况 0 条件下的水平位移云图（模型一）

Figure 3-53　X-component of displacement contour plot under condition0（model1）

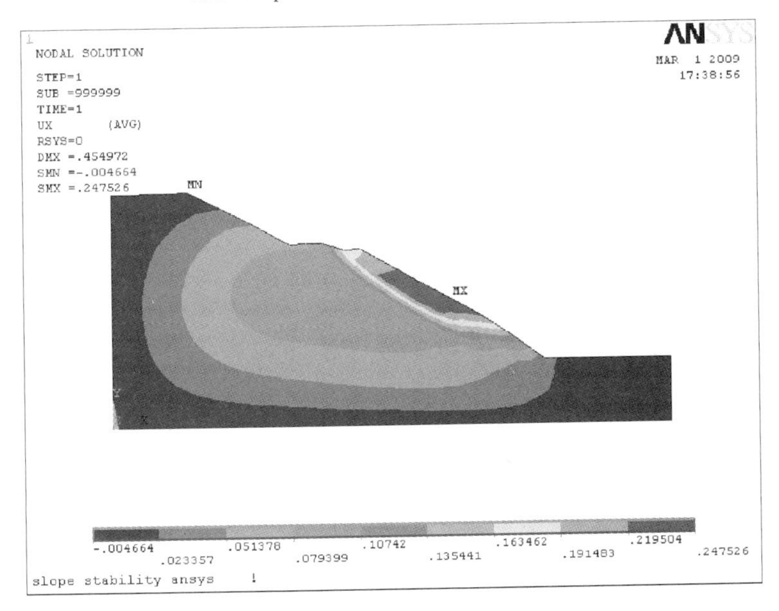

图 3-54　工况 1 条件下的水平位移云图（模型一）

Figure 3-54　X-component of displacement contour plot under condition1（model1）

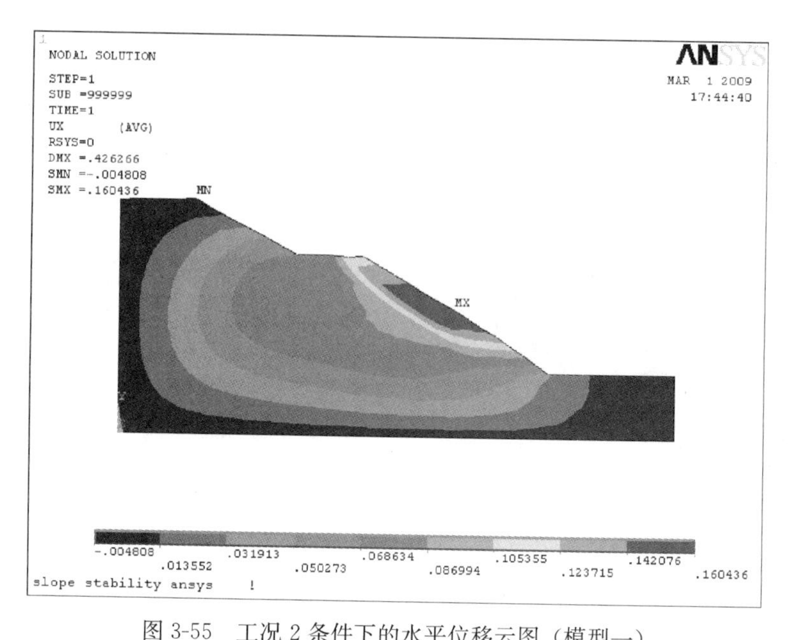

图 3-55 工况 2 条件下的水平位移云图（模型一）
Figure 3-55 X-component of displacement contour plot under condition2 (model1)

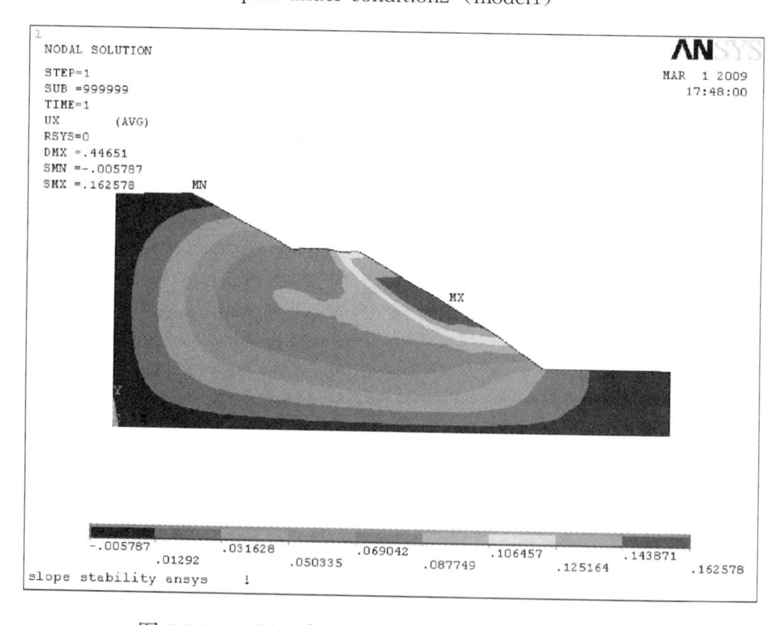

图 3-56 工况 3 条件下的水平位移云图（模型一）
Figure 3-56 X-component of displacement contour plot under condition3 (model1)

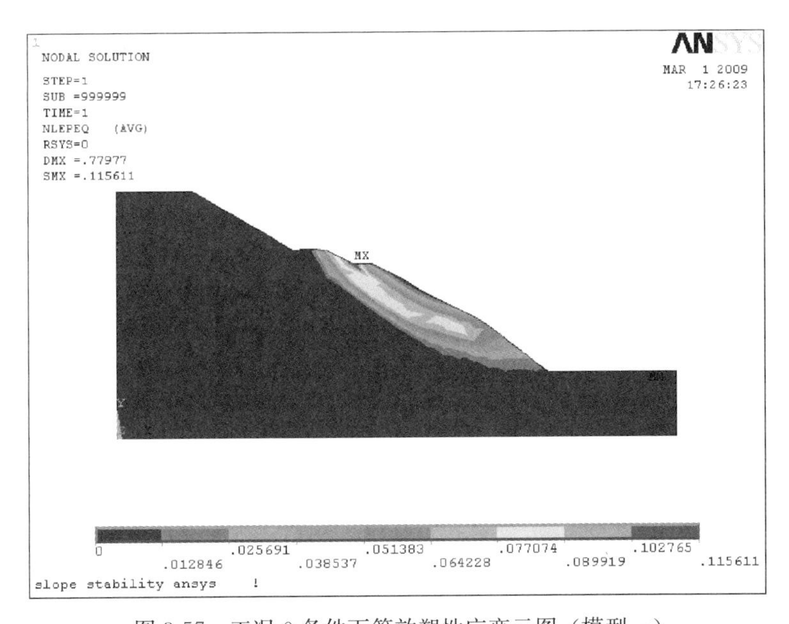

图 3-57 工况 0 条件下等效塑性应变云图（模型一）

Figure 3-57 The equivalent plastic strain contour plot under condition0 (model1)

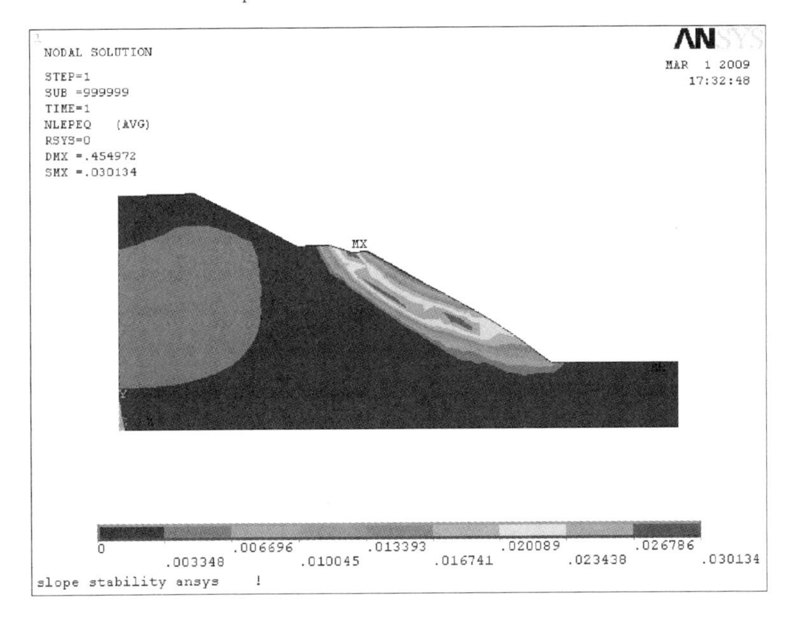

图 3-58 工况 1 条件下等效塑性应变云图（模型一）

Figure 3-58 The equivalent plastic strain contour plot under condition1 (model1)

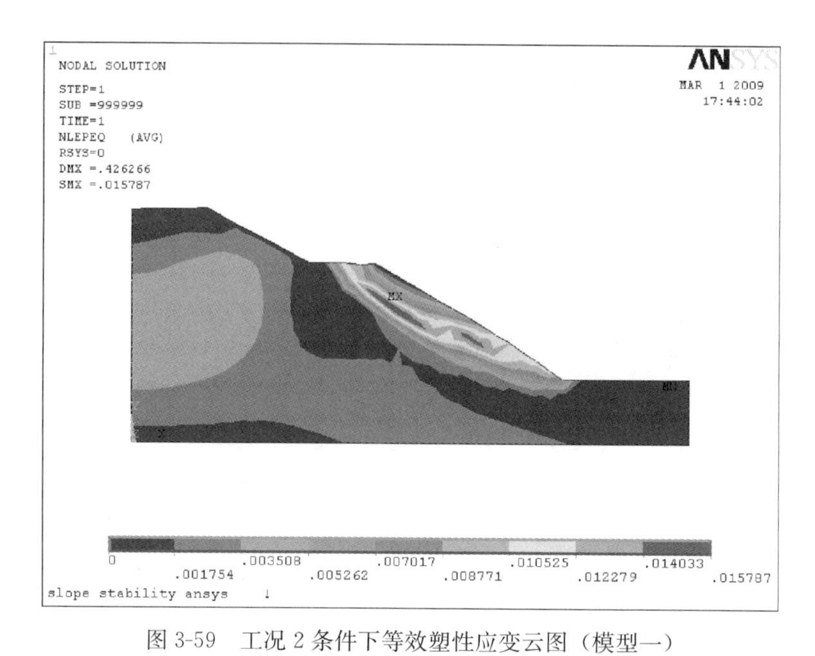

图 3-59 工况 2 条件下等效塑性应变云图（模型一）

Figure 3-59 The equivalent plastic strain contour plot under condition2 (model1)

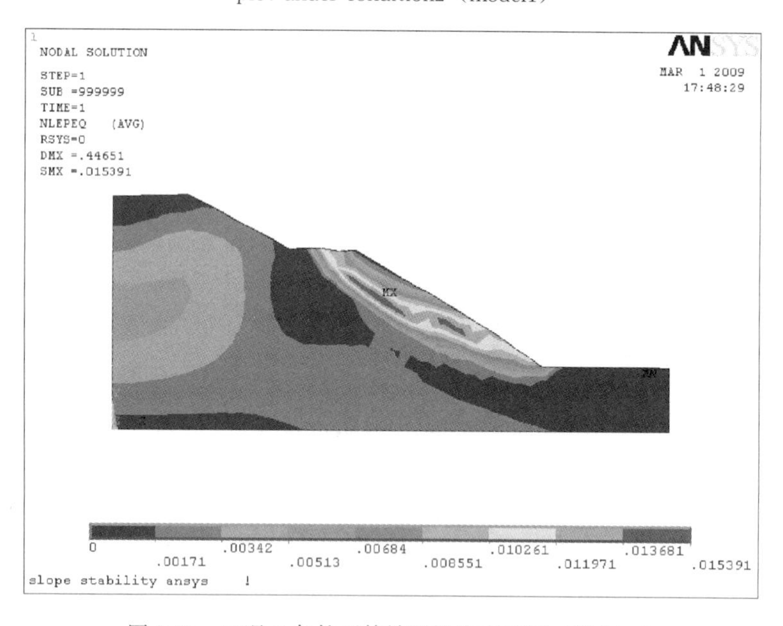

图 3-60 工况 3 条件下等效塑性应变云图（模型一）

Figure 3-60 The equivalent plastic strain contour plot under condition3 (model1)

本分析采用 ANSYS 软件，单元类型选用六节点的三角形单元，单元格的边长设置为 3m。因为 ANSYS 软件分析不需要假定滑动面，分析结果就不会出现极限平衡法中的那样上、下边坡不统一，只会产生一个最危险的情况。综合多方面因素考虑，本书采用 DP5 准则下的安全系数。采用 ANSYS 软件对五个边坡在上述四种工况下进行分析，得到五个边坡模型在所有工况下的安全系数，汇总见表 3-20。根据表中的数据，将“工况 1”、“工况 2”、“工况 3”条件下得到的安全系数减去“工况 0”的安全系数得到结果见表 3-21。

边坡安全系数表 **表 3-20**

The calculation results of safety factor **Table 3-20**

	模型六 (1∶0.75)	模型七 (1∶1)	模型八 (1∶1.5)	模型九 (1∶1.75)	模型十 (1∶2)
工况 0	0.651	0.833	1.21	1.38	1.57
工况 1	0.648	0.833	1.21	1.38	1.57
工况 2	0.646	0.830	1.204	1.38	1.57
工况 3	0.645	0.830	1.204	1.38	1.57

系数随坡度变化下降程度计算结果 **表 3-21**

The calculation results of decline in the degree of safety factor **Table 3-21**

	模型六 (1∶0.75)	模型七 (1∶1)	模型八 (1∶1.5)	模型九 (1∶1.75)	模型十 (1∶2)
工况 1	0.46%	0	0	0	0
工况 2	0.77%	0.36%	0.4%	0	0
工况 3	0.92%	0.36%	0.4%	0	0

表 3-21 中的数据表示增加车辆荷载后安全系数的变化情况。表中正数表示车辆荷载作用下边坡稳定性提高了，零表示稳定性没变化，负数表示稳定性降低了。表 3-21 数据中没有出现正数，表明增设车辆荷载对任何高度的边坡模型稳定性都不能起到正面影响。要了解车辆荷载对稳定性的影响程度，可以将表 3-21 中的数据的绝对值绘制变化趋势图如图 3-61（工况 1～工况 3）所示，绝对值大的说明安全系数变化大，也就是车辆荷载对边坡稳定性产生的负面影响严重，反之，绝对值小说明安全系数变化小，也就是车辆荷载对边坡稳定性产生的负面影响很小。从图 3-61 中可以清楚地看到，不管是工况 1 还是工况 2、工况 3，在边坡坡度较陡时（如模型六），车辆荷载对边坡的安全系数降低较大；边坡坡度越缓（如模型十），车辆荷载对边坡的安全系数影响程度越小，并且有趋于 0 的趋势。即随着坡度的减缓，无论车辆荷载是布置在边坡坡顶还是布置在护坡道上，

它们对边坡安全系数的影响越来越小。从图 3-61 中还可以看出，工况 2 对边坡稳定性的影响大于工况 1 对边坡稳定性的影响，它表示车辆荷载只布置在护坡道上的时候对边坡的安全系数影响较大。表中工况 2 与工况 3 对边坡安全系数的变化相等，这也说明当车辆荷载布置在护坡道上时，其对边坡安全系数的影响大于车辆荷载只布置在边坡坡顶位置。或者说工况 3 作用下，布置在边坡坡顶的车辆荷载对边坡的影响几乎为 0。这些结论与前面得到的分析结论是一致的。

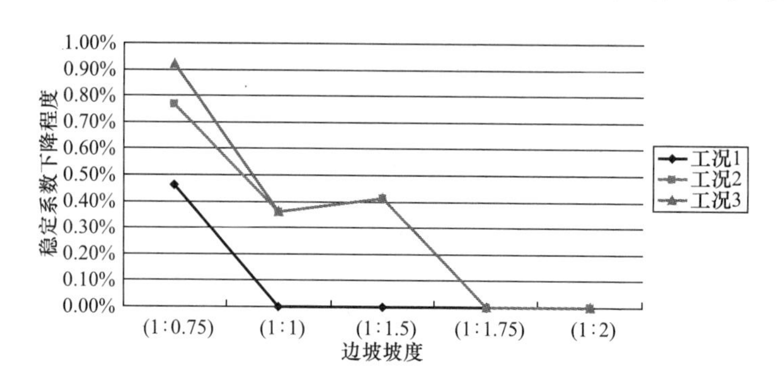

图 3-61　安全系数降低程度随坡度变化趋势图

Figure 3-61　The tendency chart of decline in the degree of safety factor with gradient

采用 ANSYS 软件可以得到上述各种工况下模型的水平方向位移云图和等效塑性应变图，得出的云图与图 3-53～图 3-60 类似，限于篇幅，在此不再赘述。值得一提的是，水平方向位移云图显示水平位移最大的是下边坡；等效塑性应变图显示用塑性应变带表示的滑动面也出现于下边坡。所有云图显示的滑动面均出现在下边坡就说明在车辆荷载作用下，不同坡度的超高边坡的破坏首先出现在下边坡。这也与前面极限平衡法计算得到的结论一致。

3.6　本章小结

本章采用极限平衡法及有限元强度折减法分析了车辆荷载对不同高度、不同坡度的多级边坡车辆荷载超高边坡的稳定性影响。首先，对比分析了各种极限平衡条分法的不同的假定的物理意义及不同的平衡条件。选择并验证了斯宾塞法和 GEO-SLOPE 软件的合理及可靠性。

然后本书采用斯宾塞法分析了车辆荷载不同的等效换算方式对边坡稳定性的计算的差异，进而选择采用均布荷载等效换算车辆荷载的方式，对不同高度和不同坡度假设了十个边坡模型，分别采用 GEO-SLOPE 软件和 ANSYS 计算软件进行稳定性分析。主要得到如下结论：

（1）将车辆荷载等效换算为均布荷载的方式对多级超高边坡稳定性分析更合理。

（2）多级边坡（复式边坡）的整体稳定性比任何一级边坡的稳定性都好。超高填方边坡一般最先发生的是局部失稳，而不是整个边坡完全失稳。

（3）车辆荷载对超高边坡稳定性的影响随高度的增大而减小，并且随着高度的增加有趋于零的趋势。

（4）车辆荷载对超高边坡稳定性的影响随坡度的减小而减小。并且随着边坡坡度的变缓有趋于零的趋势。

（5）边坡护坡道上的车辆荷载对超高边坡整体稳定性的不利影响大于坡顶车辆荷载对边坡整体稳定性的不利影响，在高度较小和坡度较大的情况下，这种差别更加明显。

（6）对于高达 83m 的超高边坡的稳定性分析，传统极限平衡法和有限元强度折减法同样适合。且采用有限元强度折减法与极限平衡法得到的结论基本是一致的。

总之，针对车辆荷载对不同高度、不同坡度的多级边坡稳定性影响，采用有限元法得出的结论与采用极限平衡法得出的结论基本是相同的、可靠的。

第4章　变幅水位下边坡稳定性数值模拟分析

4.1　实体工程及天然状态下超高边坡稳定性分析

4.1.1　实体工程水文地质条件及库水位的影响分析

本研究依托处于变幅水位作用下的奉节东立交边坡，该立交边坡有显著的特色：奉节东立交位于长江的支流冲沟上，立交紧邻财神梁隧道，隧道全长4943m，是一座分离式双洞特长隧道。原设计图中，冲沟处采用高架桥跨越存在57万m^3弃方（含隧道弃渣），且无合适的弃土场弃渣。弃渣场只好设在财神梁隧道出口V形冲沟之中。经过优化之后的施工图设计方案为：将巴东组地质的隧道洞渣用来填筑超高路堤，取代原设计中的高架桥，A、C、D匝道以超高路堤形式通过冲沟高填方区，A、C匝道下穿主线，从隧道出口下端通过，将高架匝道桥改为路基。同时为了减少库区变幅水位对填方路堤的削蚀性和稳定性影响，在高填方坡脚处修筑一个约28m高的挡土墙。

该路堤的填筑高度远远超过一般填方路堤，中心填方高度47.5m，外边坡填方高度达83m，路基坡顶至坡脚的水平距离为139.5m，平均填方高度35m，土石方总量达50多万m^3。由此可见，该路堤边坡的高度为本项目的一大特色，属于超高填方路堤范畴，如何确保超高路基的整体稳定是一个重点，也是难点。山区冲沟沟壁为陡峻的山体，沟型呈“V”字形，填方路堤像楔形体一样嵌入冲沟，沟壁对路堤产生相向的约束力，有利于路堤稳定。路基自坡脚至坡顶逐渐变宽变高，填方路堤土体在自稳过程中受这种沟壁的约束，其两侧水平土压力集中指向沟心坡脚处，这种相向的土压力对填方路堤作用无疑是复杂的。该路堤的外边坡高达83m，该边坡的坡顶及护坡道上布置了两条主线路基、奉节东立交A、C、D匝道及渝巫二级公路路基，这些路基上面的车辆荷载对边坡稳定性带来不利影响，这是本项目的另一大特色。本冲沟汇入梅溪河，梅溪河属于长江支流，受长江库水位的涨落的影响，梅溪河水位起伏较大。季节的交替也会带来河水水位变化。一般而言，洪水季节水位高，而枯水季节水位较低，水位涨落幅度超过30m。这种大变幅水位将改变填方路堤填料内的饱和浸润线位置和形状，对路堤的整体稳定性带来不利影响。库区雨季集中，暴雨时期，暴雨强度大、降雨历时长，地面径流的渗透对冲沟高填方路堤稳定性也将带来不利影响：一方面降雨渗入土体会改变填料的物理力学性质参数，填料在水的作用下被软化，抗剪强度降低，黏聚力和摩擦角都减小；另一方面，填料的容重会增加，路堤下滑力增大。雨水渗入路堤底下的基岩，将顺基岩向下流动，这就润滑了路基的滑动面，诱发路堤整体下滑。本项目的填料都是开挖后转运来的待填、待压材料，这些填料的亲水性更强，更容易受水的影响。因此，地下水和地表水的变幅作用下研究本项目的高填方路堤边坡的稳定性和变形规律是本项目的另一个重要特点和难点。

1. 水文地质条件

（1）水文气象

重庆市奉节县属亚热带湿润季风气候区，气候温和、雨量充沛、四季分明。奉节东立交高填方路堤边坡外临梅溪河，属于长江支流，受三峡库区水位影响。常水位状态下河面宽408m，水位高152.89m。三峡水库坝前水位为156m（吴淞高程）时，本项目处的回水位为154.742m，三峡水库坝前水位为175m时，本项目处的回水位为173.242m，对应的水面宽度为450.6m。据分析，高填方路堤坡脚挡土墙处冲沟上游的汇水面积约3km²，项目区位图如图4-1所示。据奉节县的气象资料显示，每年奉节县有两个雨季，4～5月和9～10月，该时期阴雨连绵，气候潮湿，年平均降雨量为1262mm。

图4-1　奉节东立交项目区位图

Figure 4-1　Project location schemes of east Fengjie

(2) 地质条件

根据《施工图设计文件》，奉节东立交范围内地质表层为第四系全新统人工填筑土（Q^{4me}）、第四系全新统崩坡积块石土（Q^{4c+dl}）及第四系全新统残坡积亚黏土（Q^{4el+dl}），其下伏基岩为三叠系中统巴东组（T^{2b}）之泥质灰岩。财神梁隧道洞渣为三叠系中统巴东组（T^{2b}）泥质灰岩。

用于填筑超高路堤的巴东组地质填料，其材料参数的取值通过室内试验获取，参照本书的第 2 章。

2. 三峡库水位的资料分析

项目工程受三峡水库水位变幅影响很大。三峡水库的汛期在每年 6～9 月，从 5 月初开始，三峡蓄水位从 175m 左右降低为限制水位 145m 左右，水位的变幅为 30m，以便拦蓄洪水起到调节洪水的作用；每年 6～9 月，坝前蓄水位一般在 145m 左右的低水位。汛期结束后，从 9 月初开始蓄水，水位逐渐升高至 175m 以下，库水位通常不高于正常蓄水位 175m。至次年 5 月，三峡水库属于非汛期，坝前水位一般在 170～175m 左右波动。自三峡大坝建设以来，长江流域的主干道和各条支流都受三峡水库蓄水运营计划的影响。根据相关资料，得到三峡库区蓄水位每个月的变化数据，见表 4-1，如图 4-2 所示。从表 4-1 可以看出，库水位上涨最快、上涨幅度最大的是每年 10 月份，上涨速度约为 1m/d，上涨幅度达到 30m。因为水位骤降对沿岸边坡的稳定性影响最大，所以在 1～6 月份，水位在人为控制之下缓慢下降，一般下降速度为 5m/月，但是，根据调查资料，在最不利情况下，库水位的下降速度也可以达到 1m/d，这对沿岸边坡的稳定性破坏最大。

一年内三峡水库坝前水位变化表　　表 4-1

Three Gorges Reservoir water level adjustment during a year　　Table 4-1

月份	1 月	2 月	3～4 月	5 月	6～9 月	10 月	11～12 月
坝前蓄水位（m）	175～170	170～165	165～160	155	145（最低）	145～175	175（最高）

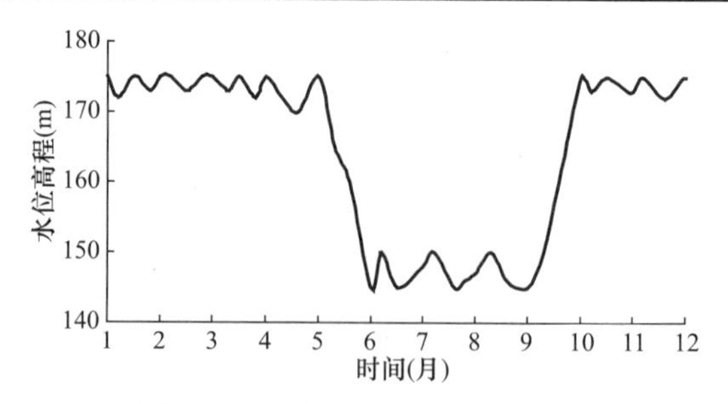

图 4-2　三峡水库坝前水位涨落图

Figure 4-2　Diagram of the Three Gorges water level changes

4.1.2 常水位状态下超高边坡计算模型

首先建立常水位状态下超高边坡的计算模型，对常水位情况下奉节东立交超高填方路堤进行数值模拟，通过计算检验建模参数是否合理、模型建立是否准确，并得到一套常水位条件下的计算图表，作为与变幅水位条件下进行对比分析的基础数据。天然状态下超高边坡模型示意图如图 4-3 所示，模型建立过程如下文。

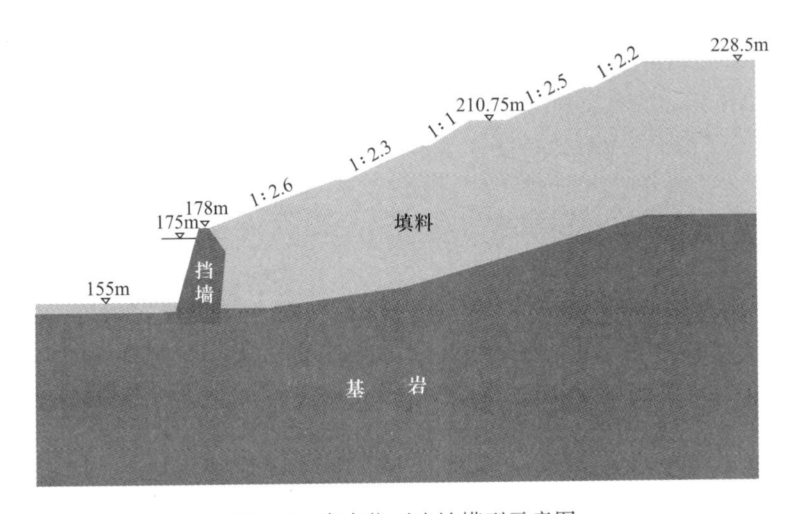

图 4-3 常水位下边坡模型示意图

Figure 4-3 Slope model diagram under normal water level

根据施工图设计方案，奉节东立交高填方路堤最高边坡位于 V 型冲沟的沟心处，该断面为最不利断面位置，故本次建模断面选取该沟心断面如图 4-3 所示。该断面边坡含挡土墙在内共分为六级边坡，建模时将整个断面划分为填料区、基岩区、挡土墙区三个区域，假定三个区域均服从摩尔-库伦屈服准则。填料区采用巴东组地质隧道洞渣为填料按规范进行分层填筑，挡土墙为衡重式混凝土挡土墙，假定填料和混凝土砌体材料均为均质。取水平方向（沟心纵断面）作为 x 轴，垂直方向为 y 轴，将整个断面网格定义为 110×65。基岩区域固定不动，挡土墙设置在超高边坡的坡脚处，挡土墙外受到常水位的淹没，水位为 145m 固定不变。计算模型的建立采用 FLAC 软件中的流固耦合方法，FLAC 有限差分软件（Fast Lagrangian Analysis of Continua，连续介质快速拉格朗日分析）是美国明尼苏达大学和美国 Itasca Consulting Group Inc. 共同研制开发的有限差分计算软件，目前广泛地运用于地质和岩土工程的力学分析。FLAC 软件可以采用离散模型方法、有限差分方法、动态松弛方法对岩土稳定性问题进行数值分析。它将连续介质的动态演化过程转化为离散节点的运动方程和离散单元的本构方程进行求解，可以更精确和有效地模拟岩土材料的塑性流动和塑性破坏。FLAC 有限差分法与离散元法类似，且与有限元分析方法一样可以适用于多种材料，在边界条件非规则区域下运行。区别于有限元分析法的是，FLAC 有限差分法采用“混合离散化”技术，使 FLAC 运算过程中使用显式差分方法，不形成刚度矩阵，可以大幅度节约存储空间，减少计算时间，提高运行速度。

填料采用巴东组隧道洞渣，按前面室内试验得到的参数，把弹性模量、泊松比，计算出体积、容重、剪切模量，材料参数输入 FLAC 软件。在模型中设置三个跟踪单元，分别是：渝巫路位置（边坡护坡道车辆荷载边坡）为跟踪单元 1，C 匝道位置（边坡护坡道车辆荷载）为跟踪单元 2，路堤顶面路基边缘位置为跟踪单元 3。通过三个跟踪单元位置的变化情况来了解模型的变形情况。

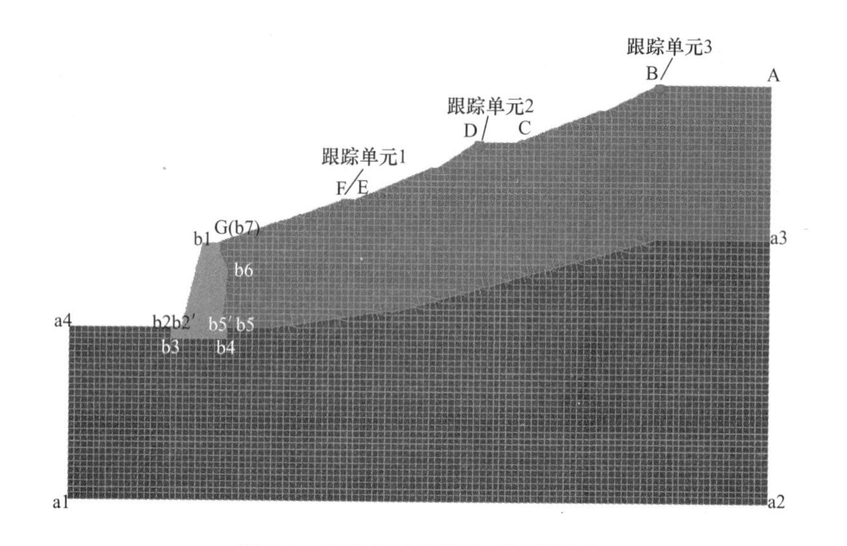

图 4-4 常水位下边坡模型网格划分

Figure 4-4 The slope model grid in Flac under normal water level

根据上述原则建立的计算模型，其底部为基岩 $j=0$，设为固定的约束边界，模型左侧和右侧均假定为 x 方向位移约束边界。在计算的初始状态下，计算得到岩体自重应力产生的初始应力场和水压力。在常水位状态下，地下水位等于常水位，取值恒定水头 H=145m，假定不发生变化，所以在计算过程中静水压力保持不变，经过软件分析得到静水压力云图如图 4-5 所示。

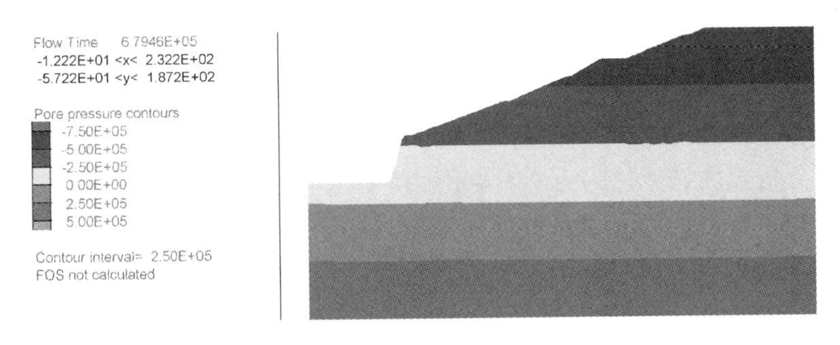

图 4-5 常水位下模型的孔隙水压力云图

Figure 4-5 Pore water pressure contour of model under normal water level

4.1.3 常水位状态下超高边坡稳定性数值模拟分析

在采用 FLAC 软件对常水位下的模型进行运算分析时，设定体系最大不平衡力与典型内力比值下限等于 0.001，在迭代计算了 12500 时步之后，模型的应力应变基本达到平衡。从计算结果可以看出，系统的不平衡力发展趋势是收敛的。在软件运行初期，系统的最大不平衡力产生大幅震荡，说明系统内部单元块之间的应力和变形发生了自动调整，应力重新分配，随着迭代时步的增加，系统的最大不平衡力逐渐趋于稳定、收敛。当迭代到 12500 时步，系统的最大不平衡力已经小于 100N。此时，坡体模型已经处于平衡状态。系统的最大不平衡力演化曲线如图 4-6 所示，从该图可以看出，在迭代计算进行到一定时步后，整个系统

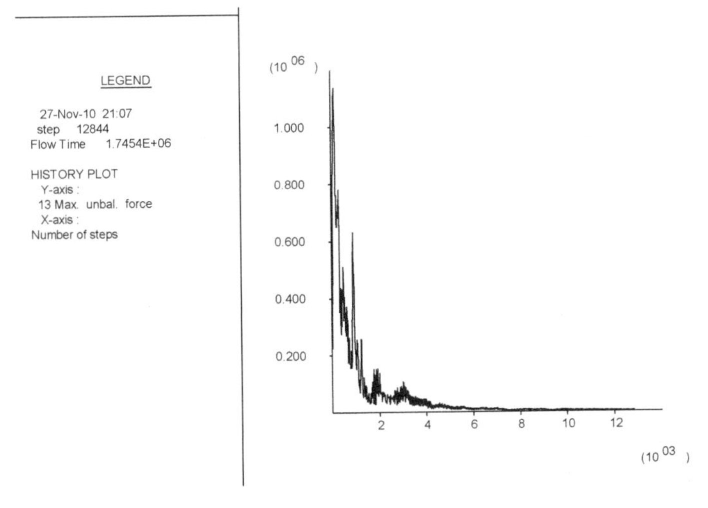

图 4-6 边坡的不平衡力演化曲线

Figure 4-6 The evolution curves of unbalanced force of the slope

的最大不平衡力呈轻微的波动收敛趋势，最后趋于平衡。这表明超高路堤填筑形成后，随着时间的推移，内部应力与应变进行重新分配和调整，最后边坡达到自我平衡状态。

为了分析边坡岩土体的力学响应特性，以及可能产生的内在变形，探讨边坡的破坏机理，本书采用 FLAC 软件运算得到常水位条件下模型的多种位移云图。

下面采用 FLAC 软件的数值分析结果从位移情况、应力情况和塑性区分布情况等方面对模型进行分析。根据水平方向位移云图和竖直方向位移图，位移均出现在填料区，这是因为基岩和挡土墙设置为约束条件。当软件迭代运行到 12500 时步，因填料的剪切模量和体积模量都比较低，故边坡的累积位移主要集中于填料区。基岩和挡土墙的稳定性很好，没有发生水平或竖直位移，这与假定是相符的。坡体最大水平位移量为 0.34m，出现在坡体中部，坡体的最大竖向位移为 1.35m，出现在边坡顶部的路基上。因为边坡坡脚处设置了挡土墙，挡土墙模量较大，几乎不能产生水平位移，起到了水平约束作用，所以水平位移最大的区域不是在坡脚，也不是在坡顶，而是在坡体中部护坡道附近，水平位移云图整体呈凹形分布。这表示，在填料自重作用下，坡体的中部有向外滑动的趋势。同理在填料自重作用下，坡体主要表现为向下沉降，同时又受到基岩的竖直约束。总之，整个 V 形冲沟超高路堤边坡的位移主要表现为填料自重作用下的密实沉降和边坡中部向外滑移。

本书在采用 FLAC 软件建立模型中，设置了三个跟踪单元体。软件运行时可以对这三个单元进行跟踪分析。在对这三个单元体的位移和速率跟踪后得到图 4-7～图 4-9。这些图显示了被跟踪单元水平位移随时步变化的关系，可以看出，随着迭代时步的进行，无论是边坡单元、边坡中部还是下部单元的水平位移最终都趋于一个定值，这就是这个单元体的最终位移总量。其中跟踪单元 1 的水平方向的位移最小（−0.174m），单元 3 的水平位移次之（−0.232m），而中部单元 2 的

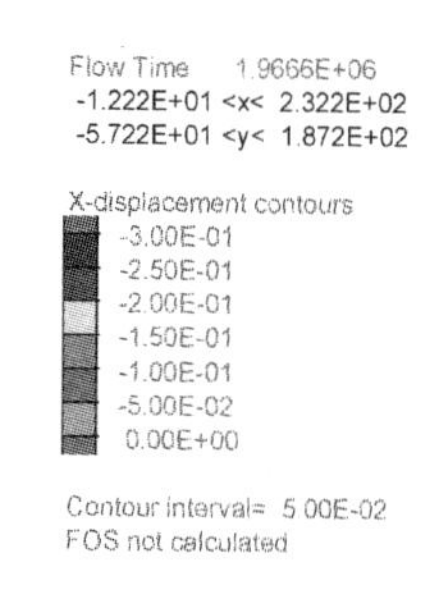

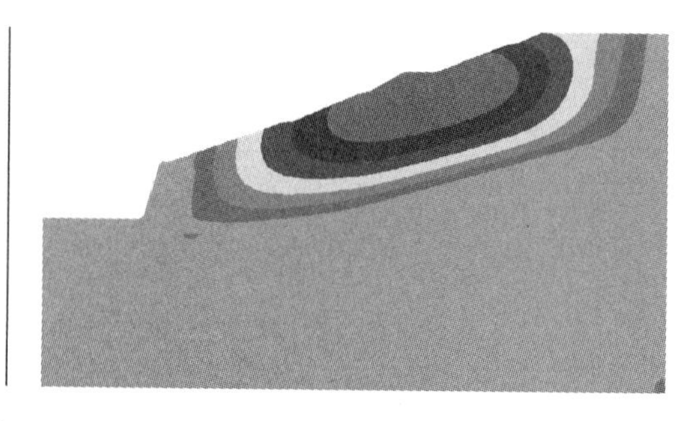

图 4-7　边坡水平方向位移云图

Figure 4-7　The horizontal displacement contour of the slope

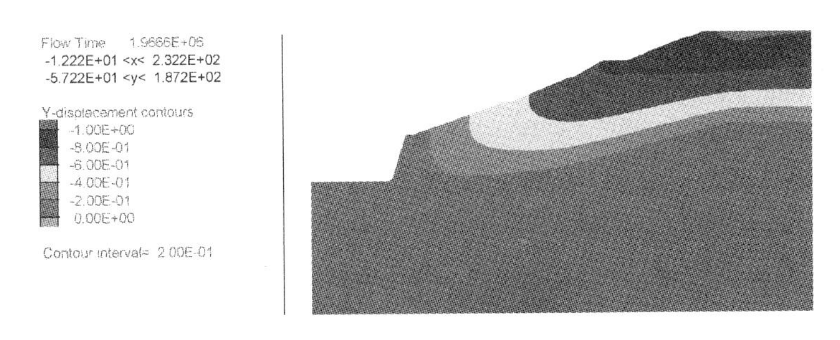

图 4-8　边坡竖直方向位移云图

Figure 4-8　The vertical displacement contour of the slope

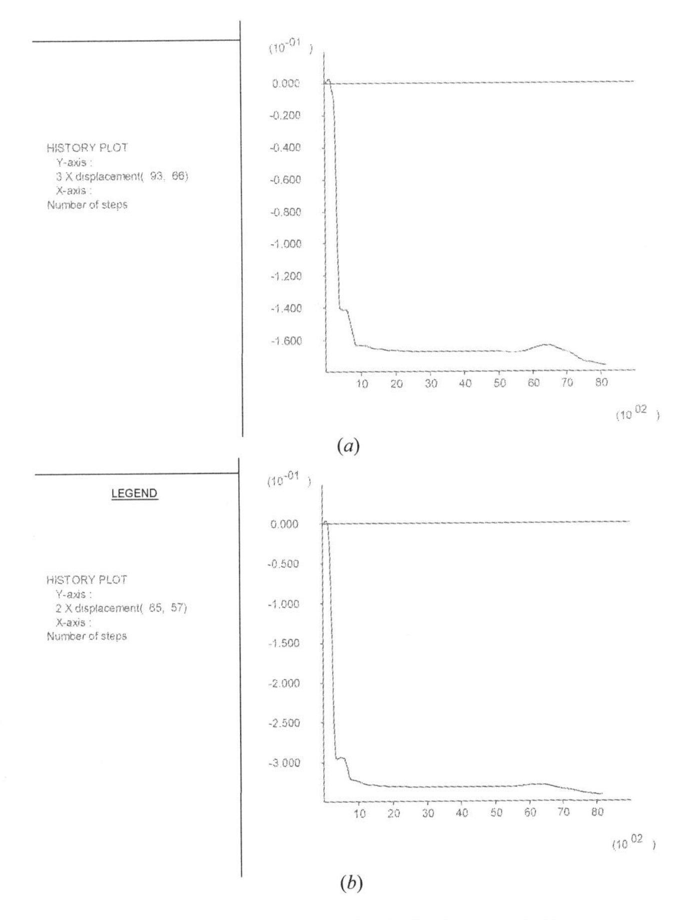

(*a*)

(*b*)

图 4-9　三个跟踪单元水平位移随时步变化曲线（一）

Figure 4-9　The horizontal displacement history curve of three tracking units（一）

(*a*) 跟踪单元 1；(*b*) 跟踪单元 2

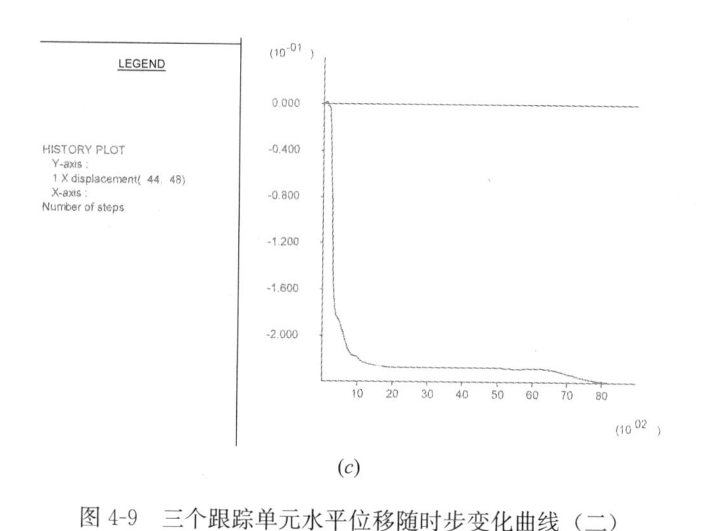

(*c*)

图 4-9　三个跟踪单元水平位移随时步变化曲线（二）

Figure 4-9　The horizontal displacement history curve of three tracking units（二）

(*c*) 跟踪单元 3

位移最大（－0.340m）。由此可见，整个边坡坡面的水平位移都比较小。由此也可以得出结论：该边坡模型属于稳定状态。

将被跟踪单元的水平位移速率与迭代步变化图绘制曲线如图 4-10 所示，该图显示，迭代时步开始时，跟踪单元体的水平位移速度较大，随着迭代时步的增加，三个跟踪单元的位移速度都震荡减缓，并逐步收敛于 0。这表明，高填方路堤在填筑完成时，填料的自重带来较大的位移增量，随着时间的推进，位移速率越来越慢，填料内部进行应力应变的重新分配和自我调整，最终处于相对稳定的状态。这与工程实际的边坡位移监测是相符的。另外，岩体属于弹塑性体，当所受外力较小时，岩体主要发生弹性变形，但如果岩体所受应力超过材料本身的屈服强度之后，岩体将可能发生塑性变形。弹塑性模型的屈服分为剪切屈服和受拉屈服。在压应力作用下出现剪切屈服，在拉应力作用下出现受拉屈服。采用 FLAC 软件还可以对边坡模型的最大剪应变进行计算得到结果如图 4-11 所示。该图显示，模型发生塑性破坏时，最大的塑性变形发生在两个位置：其一是填料底部与基岩的接触面位置，其二是填料与挡土墙接触位置。这是因为填料自重使自身产生了剪切变形，路堤最底部的填料所承受的土压力最大，但是基岩和挡土墙的约束使该部分土体可能最先出现剪切变形和剪切破坏。说明在坡脚处设置的挡土墙有效地提高了这个路堤边坡的稳定性。

如图 4-12 所示绘出了模型的塑性区分布状态，在填料的自重作用下，填料发生竖向自然沉降和边坡中部的水平位移，这带来路基顶面土体受拉，模型的塑

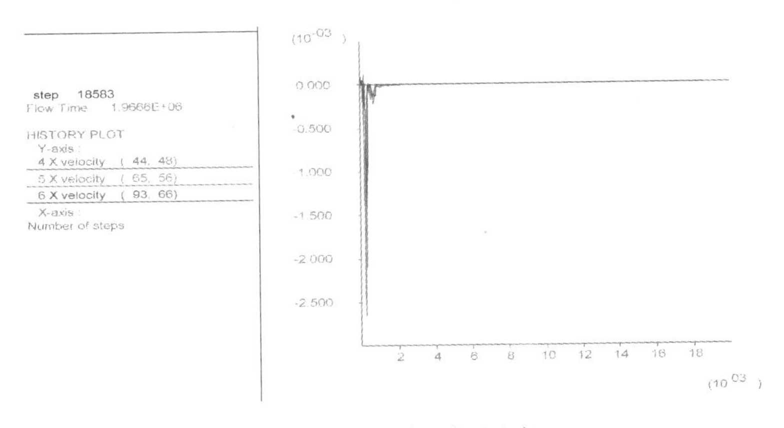

图 4-10 跟踪单元水平速率

Figure 4-10 The x-velcity of tracking units

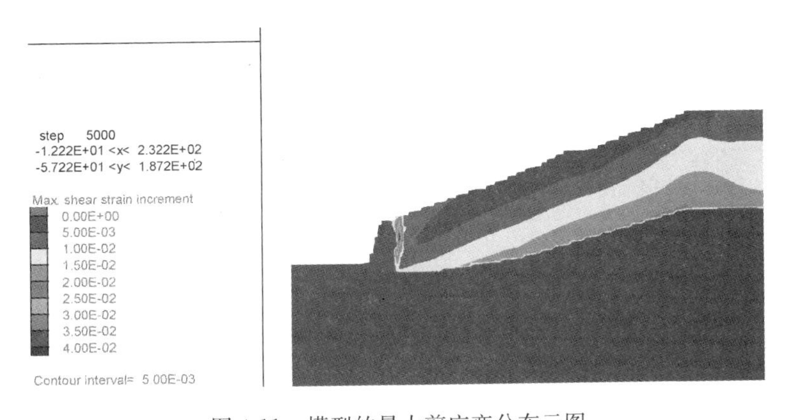

图 4-11 模型的最大剪应变分布云图

Figure 4-11 Contour of maximum shear strain increment of model

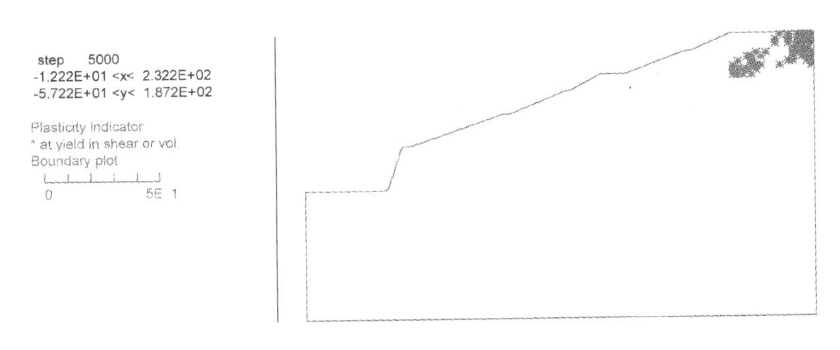

图 4-12 模型的塑性区域分布状态图

Figure 4-12 Contours of Plasticity indicator of model

性区域主要集中在边坡顶部附近。虽然在边坡的顶部区域出现了局部的受拉屈服（塑性屈服），但这些区域比较离散、面积也比较小，而且这些塑性区域没有连成贯穿整个滑体的滑动面。在自然状态下，大部分塑性区域的变形尚处于弹性状态，整个边坡属于稳定状态。

综上所述，采用巴东组地质隧道矿渣填筑的奉节东立交的超高边坡模型在 H=145m 的常水位状态下，该高边坡是稳定的，坡体最大水平位移量为 0.34m，出现在坡体中部，坡体的最大竖向位移为 1.35m，出现在边坡顶部的路基上。这与工程的实际情况是相符合的。

4.2 变幅水位的计算模型

4.2.1 浸水边坡土压力与滑坡推力计算

土压力共有三种：静止土压力、主动土压力以及被动土压力。作用在挡土墙上的土压力大小会随着挡土墙的位移状态而改变。

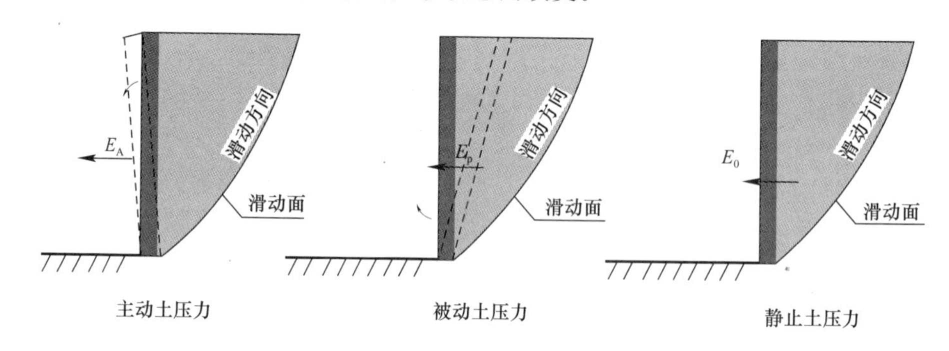

图 4-13　作用在墙体上的三种土压力

Figure 4-13　Three kind of different earth pressure

对于浸水边坡的土压力和滑坡推力的计算，根据库伦土压力的理论，计算坡脚挡土墙的土压力时，必须考虑库区水位对边坡填料的影响，边坡填料在库水位浸泡后，填料内的孔隙压力增大，导致填料的抗剪强度等力学参数下降，边坡稳定性随之降低。同时，库水位淹没了路堤与基岩的交界面，在路堤与基岩的交界面处，材料强度参数将急剧下降，使路堤的整体抗滑能力降低。交界面被水润滑，成为最可能的滑动面，增加了路堤整体沿基岩交界面产生的滑动的趋势，路堤的整体稳定性下降。这些库水位带来的不利影响都需要在计算中考虑。

根据经典的力学计算理论，如果滑动面是连续的折线，在折浅的变坡点或抗剪强度变化点分块，从最上面的滑块体开始计算，逐块累计其下滑力，传递到最后一块的剩余下滑力就是整个滑坡的下滑力。滑体上有外部荷载时，计算时应将荷载加在其作用的滑块上叠加下滑力。

$$E_n = KT_n + N_{n-1}\cos(a_{n-1} - a_n) - [N_n + E_{n-1}\sin(a_{n-1} - a_n)]\mathrm{tg}\varphi_n - c_n L_n \tag{4-1}$$

式中 E_n——第 n 个滑块的剩余下滑力，kN/m；

a_n——第 n 个滑块所在折线的倾角；

T_n——第 n 个滑块自重 G_n 的切线下滑力，kN/m，$T_n = G_n \sin a_n$；

φ_n——第 n 个滑块滑面上的内摩擦角；

N_n——第 n 个滑块自重 G_n 的法线分力，kN/m，$N_n = G_n \cos a_n$；

L_n——第 n 个滑块分段的长度，m；

E_{n-1}——第（$n-1$）个滑块传递下来的剩余下滑力，kN/m；

c_n——第 n 个滑块滑面上的单位黏聚力，kPa；

a_{n-1}——第（$n-1$）个滑块所在折线的倾角。

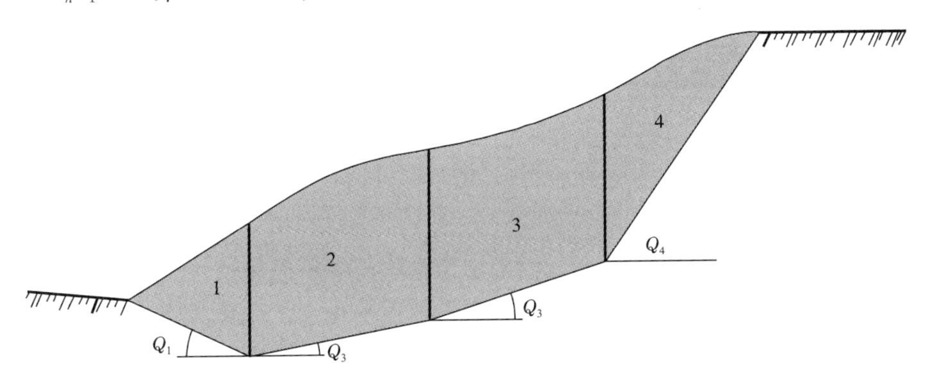

图 4-14 折线型滑动面下滑力计算

Figure 4-14 Thrust calculation of line slip surface

当滑坡体的滑动面为圆弧时，总下滑力计算公式：

$$E = K\sum G_{1i}\sin a_i - \mathrm{tg}\varphi(\sum G_{1i}\cos a_i + \sum G_{2j}\cos a_j) - c(\sum l_i + \sum l_j) - G_{2h}\sin a_j \tag{4-2}$$

式中 G_{1i}——滑体第 i 个滑块的重量，kN/m；

G_{2j}——滑体阻滑部分第 j 滑块的重量，kN/m；

a_i——滑体下滑部分第 i 滑块圆弧中心点的半径线与竖直线之间的角；

a_j——滑体阻滑部分第 j 滑块圆弧中心点的半径线与竖直线之间的角；

l_i——滑体下滑部分第 i 个滑块圆弧长度，m；

l_j——滑体阻滑部分第 j 个滑块圆弧长度，m；

c——滑动圆弧面上的单位黏聚力，kPa；

φ——滑动圆弧面上的内摩擦角；

E——滑坡体下滑力，kN/m。

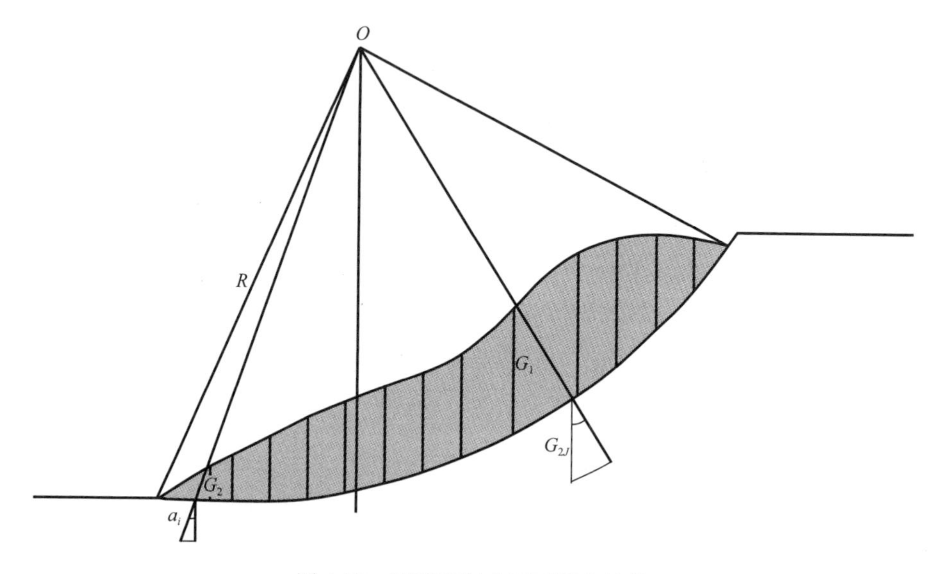

图 4-15　圆弧型滑动面下滑力计算

Figure 4-15　Thrust calculation of cylindrical surface sliding

如果边坡属于浸水边坡，滑体内部饱水且与滑带水连通时，计算时必须考虑作用于滑块的饱水面积的重力，方向与水力坡度平行：

$$D_i = \gamma_w \Omega_w n_i \sin a_i \tag{4-3}$$

式中　γ_w——水的密度，kN/ma；

Ω_w——滑块的饱水面积，m^2；

a_i——滑块内水的水力坡度角；

n_i——土的孔隙率。

同时，还应考虑水位对滑块产生的上浮力，其方向垂直于滑面向上，其大小如图 4-16 所示。

本工程中的高填方路堤，施工时先修建坡脚衡重式挡土墙，然后填筑路堤至设计标高。当库水位低于 155m 时，还未能影响路堤底部。当库水位高于 155m 时，库水位逐渐淹没路堤，使路堤底部填料的剪切强度降低，引起边坡体抗滑能力降低，所以对该路堤在浸水条件下的稳定性分析十分重要。

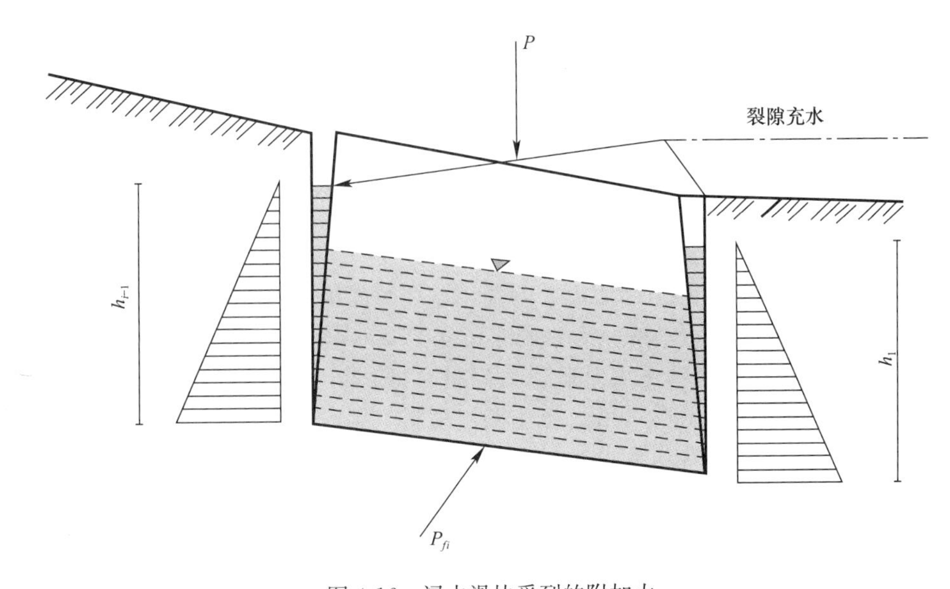

图 4-16　浸水滑块受到的附加力

Figure 4-16　Add-force of inundated soil

4.2.2　变幅水位计算模型及分析

1. 计算模型

根据施工图设计方案，奉节东立交高填方路堤最高边坡位于 V 型冲沟的沟心处，该断面为最不利断面位置，故本次建模断面选取该沟心断面。该断面边坡含挡土墙在内共分为六级边坡，建模时将整个断面划分为填料区、基岩区、挡土墙区三个区域，假定三个区域均服从摩尔-库伦屈服准则。填料区采用巴东组地质隧道洞渣为填料按规范进行分层填筑，挡土墙为衡重式混凝土挡土墙，假定填料和混凝土砌体材料均为均质。取水平方向（沟心纵断面）作为 x 轴，垂直方向为 y 轴，将整个断面网格定义为 110×65。基岩区域固定不动，挡土墙设置在超高边坡的坡脚处，挡土墙外受到变幅水位的影响。计算模型的建立采用 FLAC 软件中的流固耦合方法，在 FLAC 软件的初始条件中，考虑了填料自重产生的初始应力场以及初始水位产生的水压力场，模型的建立遵守以下原则：

（1）模型的底面基岩为固定约束，左、右侧面为水平约束。

（2）模型底面及其侧面假设为不透气，坡面则设为透气边界。

（3）模型底面为零流量边界，不透水，侧面属于透水边界。地下水位以下为常水头边界，水头等于初始高程，FLAC 中水头高度采用 INI PP 方式来初始化。

地下水位以下填料的水相饱和度固定为 1。

(4) 使用 FLAC 中的 INITIAL PP 命令给基岩施加不同的孔隙水压力，采用 APPLY NSTRESS 给挡土墙墙面和墙体左边部分施加不同方向荷载。

(5) 假定挡土墙和路堤填料均为各向同性的均质材料，材料参数采用第 2 章室内试验获取的物理参数。

2. 分析结论

库水位的上升和下降引起渗流场的变化，会对高填方路堤稳定性带来不良影响。挡土墙顶面高程为 178m，基础顶部高程 152m，基础底部 149m，每年库水位最低时（145m）低于挡土墙基础，最高时（175m）基本淹没挡土墙的全部墙身。每年库水位的变幅高达 30m。因为路堤填料采用巴东组地质隧道洞渣，其渗透系数取值 1E-4m/s，库区水位涨落速度按 1m/d 计算，因为填料的渗透系数远远大于库区水位的涨落速度，水位涨落形成的动水压力场对坡体稳定性的影响较小。当库区水位的变幅速度较慢的时候，路堤内地下水位与挡土墙外侧的库水位几乎同时升降，路堤内部孔隙压力场同时改变，因而改变整个模型的应力变形特征。采用 FLAC 软件得到库水位从 145m 到 175m 变化时模型的饱和度云图，如图 4-17 所示，该图显示随着库水位从 145m 上涨到 175m，超高路堤模型内部饱和度和孔隙压力场随之发生调整。

采用 FLAC 软件得到库水位从 145m 到 175m 变化时模型的竖向应力的云图，如图 4-18 所示，整个超高路堤的有效竖向应力，从高标高到低标高逐渐增大，而且是顺着外边坡坡度线从上到下延伸到坡脚，最后在挡土墙墙面位置出现了应力集中。随着库水位的升高，坡体内同一标高的有效应力变小，根据有效应力原理 $\tau_f = c' + [(\sigma - u_a) + x(u_a - u_w)]\tan\varphi'$，正的有效应力增量才能够提供抗剪强度的增量，也就是说，库水位的上升带来填料抗剪强度的下降。不断升高的地下水位使得孔隙压力增加，坡体内有效应力减小，坡体内的填料的抗剪强度下降。

根据现场施工记录和施工期沉降观测数据，坡脚的衡重式挡土墙先施工完毕，路堤填筑随后施工完毕。施工时整个路堤边坡是稳定的，沉降数据是收敛的。随着墙后填料的不断填筑、压实以及自然沉降，挡土墙墙背的填料发生了轻微的向外水平位移，挡土墙本身也有微小向外水平推移，并最终稳定。可以认为此时挡土墙处于主动极限平衡状态，挡土墙受到主动土压力。下面先采用传统极限平衡法对挡土墙的土压力进行计算和分析：根据规范，该边坡类型确定为 Ⅰ 级边坡，安全系数取 1.3，当库水位低于 145m 时，水位根本无法淹没挡土墙基础，所以可以认为该路堤不受库水位影响。以下是挡土墙土压力计算参数：

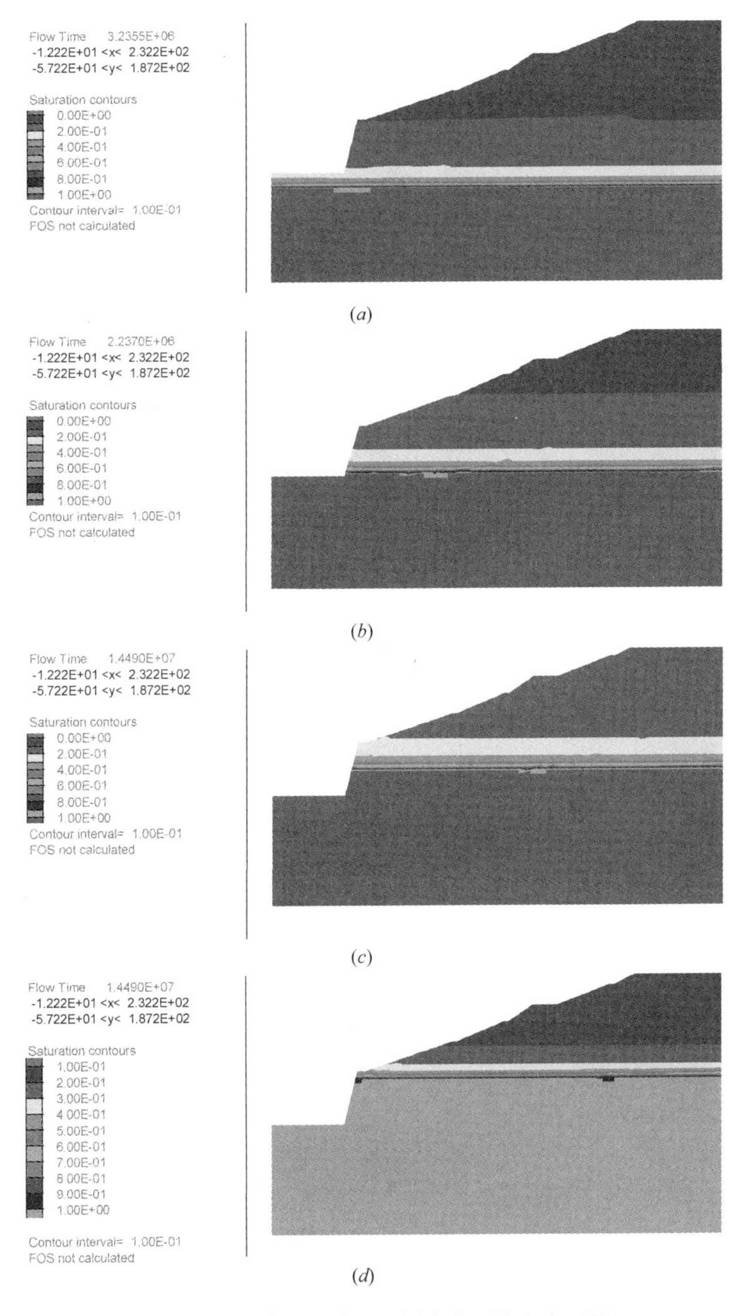

图 4-17 浸水边坡模型不同水位下饱和度云图

Figure 4-17 Saturation contour of different water level of inundated model

(*a*) 库水位=145m；(*b*) 库水位=155m；(*c*) 库水位=165m；(*d*) 库水位=175m

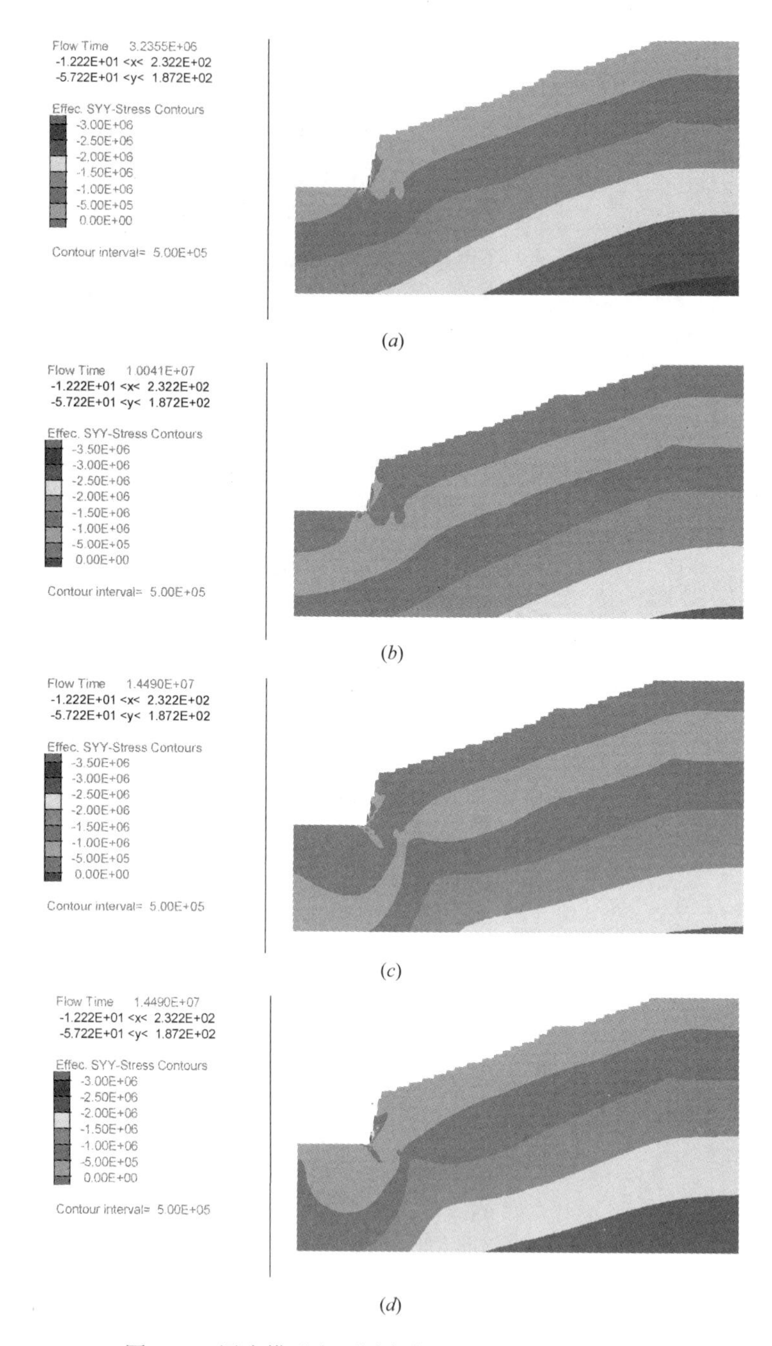

图 4-18 浸水模型在不同水位下的竖向有效应力云图

Figure 4-18 Esyy contour of different water level of inundated model

(*a*) 库水位=145m；(*b*) 库水位=155m；(*c*) 库水位=165m；(*d*) 库水位=175m

挡土墙土压力计算参数 **表 4-2**

Coulomb earth pressure parameters **Table 4-2**

填土容重 γ	21.5	墙背倾角 α	−4
土的内摩擦角 φ	36	墙背与土外摩擦角 δ	0
填料黏聚力（kPa）	16	填土倾角 β	20

按照极限平衡法的库伦土压力理论，墙背土压力的合力作用点位于挡土墙墙踵上方 1/3 墙高位置。计算得到的结果如表 4-3：

挡土墙土压力计算结果 **表 4-3**

Coulomb earth pressure calculation **Table 4-3**

折减系数	1	1.2	1.3
填料黏聚力（kPa）	16	14.293	13.234
填料内摩擦角 φ	36	30.26	28.31
土压力合力值（kN）	2638	3405.83	3787.45

同时采用 FLAC 软件，对高填方路堤的挡土墙墙背推力进行计算。以下是采用不同强度折减系数下的墙背总推力值，总推力是根据墙背的水平应力沿墙高进行积分得到的。首先计算不考虑 CPHI 折减时的墙背应力，然后再按照折减后的强度来沿墙体高度进行积分。

采用 FLAC 软件得到的挡土墙水平推力 **表 4-4**

FLAC horizontal force results **Table 4-4**

折减系数	1	1.2	1.3
填料黏聚力（kPa）	16	14.293	13.234
填料内摩擦角 φ	36	30.26	28.31
墙背总推力（kN）	3267.54kN	4142.78kN	4531.14kN

如图 4-19 所示是在库水位等于 145m，折减系数为 1.0 时，挡土墙墙背应力沿墙体高度位置的变化图：

如图 4-19 显示，土压力发生了应力集中，这是因为该衡重式挡土墙墙背是折线型的，FLAC 软件计算出的侧向推力整体呈抛物线形状，上下墙均呈三角形分布，上墙的土应力梯度高于下墙，这正好符合折线型墙背的受力特点。采用 FLAC 软件计算出的侧向推力的结果见表 4-4，要大于极限平衡法库伦土压力的理论结果见表 4-3，这是由于上述库伦土压力假定滑坡面是折线形，而 FLAC 计算时没有假设滑动面，FLAC 计算出的临界滑动面比前者的滑坡面更深，有整体滑坡的趋势。FLAC计算得到的土压力结果总体看来与三角形分布比较相似。以下是库水位分别等于145m、155m、165m、175m时，采用FLAC软件计算水平推力的结果汇总见表4-5（折减系数等于1）：

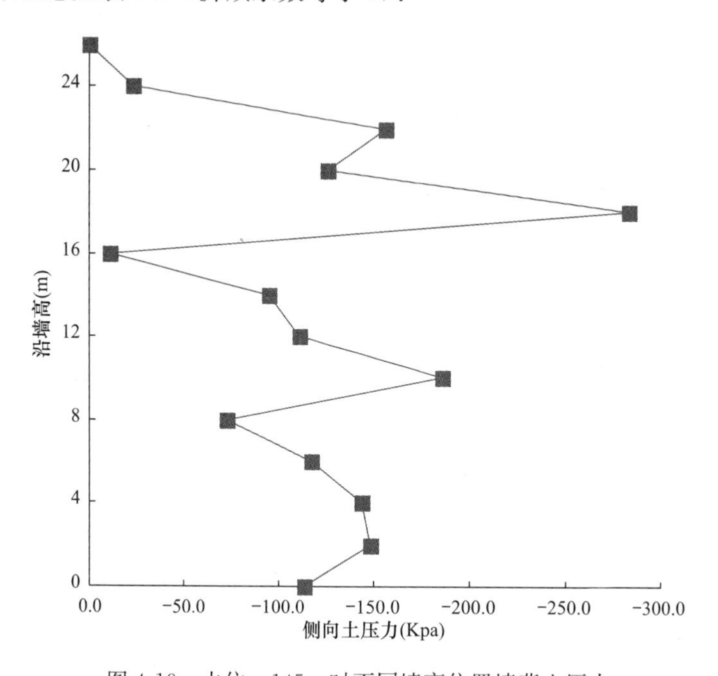

图4-19 水位=145m时不同墙高位置墙背土压力

Figure 4-19 The earth pressure to backwall under water level of 145m

不同水位时FLAC水平推力计算结果 **表4-5**

FLAC horizontal force results when different water levels **Table 4-5**

库水位（m）	145	155	165	175
填料黏聚力（kPa）	16	16	16	16
填料内摩擦角 φ	36	36	36	36
挡土墙背总推力（kN）	3267.54	3605.72	8494.20	8216.00

当库水位分别等于145m、155m、165m、175m时，采用FLAC软件计算得到的挡土墙墙背所受的侧向土压力随墙高的变化趋势绘制如图4-20所示。随着库水位的升高挡土墙墙背承受的侧向水平推力呈增大趋势，说明滑坡体稳定性随库水位升高而降低，更说明在坡脚设置浸水挡土墙对整体边坡在变幅水位影响下的安全稳定性起到关键支挡作用。当库水位=145m时，墙背水平推力合力为3267.54kN，库水位=155m时，墙背所受水平推力合力为3605kN，当库水位=

165m 时，水平推力合力升至 8494kN，库水位＝175m 时与库水位＝165m 基本相近，并略有降低。

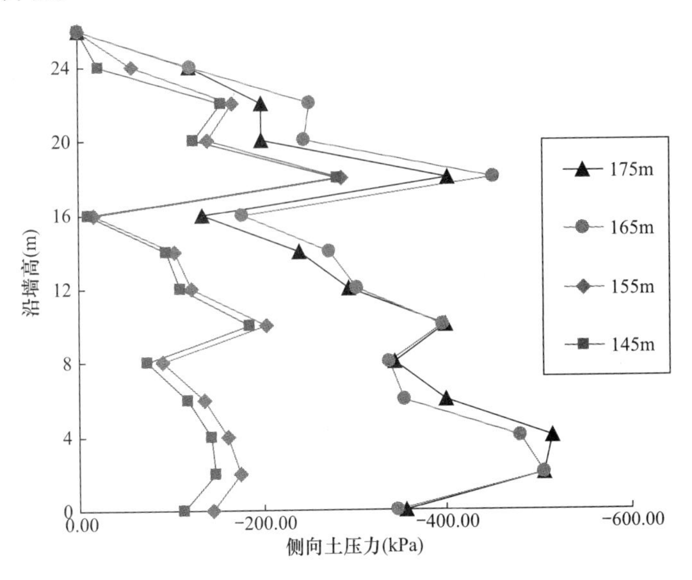

图 4-20　不同水位下不同墙高位置墙背土压力

Figure 4-20　The pressure to backwall under different water levels

采用 FLAC 软件对挡土墙墙背各点的水平位移进行计算后绘制得到图 4-21，如图所示：当库水位等于 145m 时，因为库水位低于挡土墙基础标高，库水位对挡土墙内外的土压力基本没有影响，挡土墙受路堤填料的非浸水土压力作用，其水平位移为向坡外的微小位移，最大值仅等于 0.06m，出现在挡土墙最高墙顶位置，墙趾位置因受到嵌岩基础的约束，水平位移最小（仅 0.02m）。因为不受墙内外水压力影响，水平位移从墙顶到墙趾基本呈直线形变化。当库水位等于 155m 时，水位仅淹没挡土墙基础几米范围，挡土墙内外受到的库水位影响很小，墙背的水平位移的最大值及位移变化趋势与 145m 基本上相同。可见这两种情况下，库水位对墙体和挡土墙及整体路堤边坡的稳定性影响不大。当库水位升至 165m 时，挡土墙墙背水平位移出现了明显的变化，墙顶水平位移仍然为负值，表明墙顶向坡外移动，但墙趾的水平位移则变成正值了，这说明库水位在挡土墙外侧产生的静水压力对挡土墙及整个边坡起到支撑作用。当库水位涨至 175m 时，库水位基本淹没了整个挡土墙，这种支撑作用更加明显，挡土墙的水平位移最大，且出现在挡土墙的 6m 中间高度，最大水平位移达到 0.17m。

如图 4-22 所示是不同水位时，通过 FLAC 软件的强度折减法计算的模型破坏时的最大剪应变云图。库水位在 145m 时，由于路堤基本不受库水位影响，此

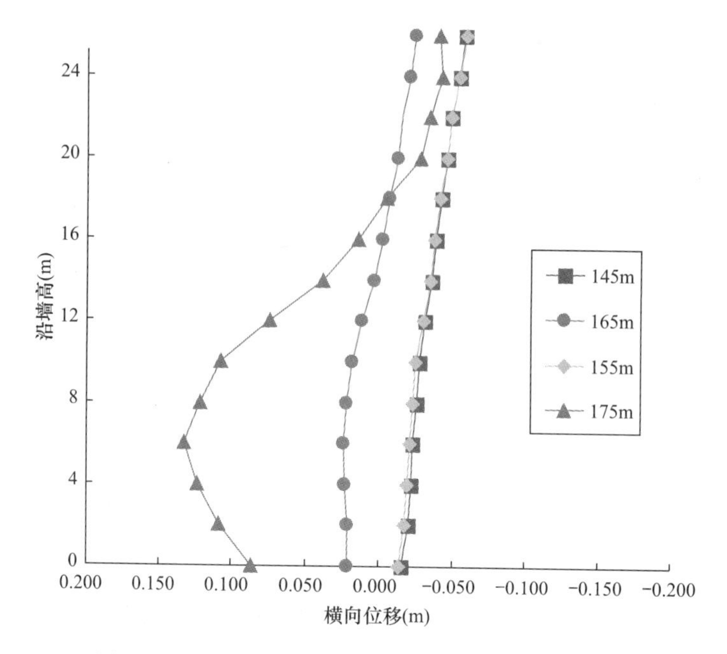

图 4-21　不同水位下不同墙高位置墙背水平位移变化

Figure 4-21　The displacement of backwall under different water levels

时路堤处于整体安全状态，不会发生挡土墙墙趾位置处的整体失稳情况，临界滑动面出现挡土墙墙顶以上填方边坡的浅层、局部破坏位置；当库水位等于 155m 时，最大剪应变云图显示此时的塑性滑动面还是局部破坏，挡土墙及整体边坡是稳定的。在库水位升到 165m 水位时，受库水位的浸泡作用，路堤填料与基岩交界面出现大量塑性变形区，基岩表面饱水软化，同时出现了剪应变区域，这是因为高孔隙压力下岩体的有效应力减少造成的；挡土墙墙背与填料之间出现应力集中，并可能导致这一区域的剪应变破坏，此时路堤最危险滑动面已经不在浅层的局部边坡位置了，而是向更深处发展。当库水位等于 175m 水位时，临界滑动面进一步下移，墙背应力进一步集中，最大剪应力云图表现为整体路堤从上到下的塑性贯通，临界滑动面的剪出口最可能出现在挡土墙墙趾位置。

虽然如图 4-22 所示，库水位上升时，边坡最大剪应变位置由浅至深的改变，库水位上升会引起路堤边坡底部前缘变形加速，从而改变了路堤边坡的应变形态。但是，采用 FLAC 计算得到不同水位下整体边坡的安全系数汇总见表 4-6，该表显示，无论库水位从 145m 变化到 175m，该模型整体处于安全状态，这与坡脚挡土墙的作用分不开，同时库水位在挡土墙外侧形成的静水压力对边坡的支撑也起到积极作用。

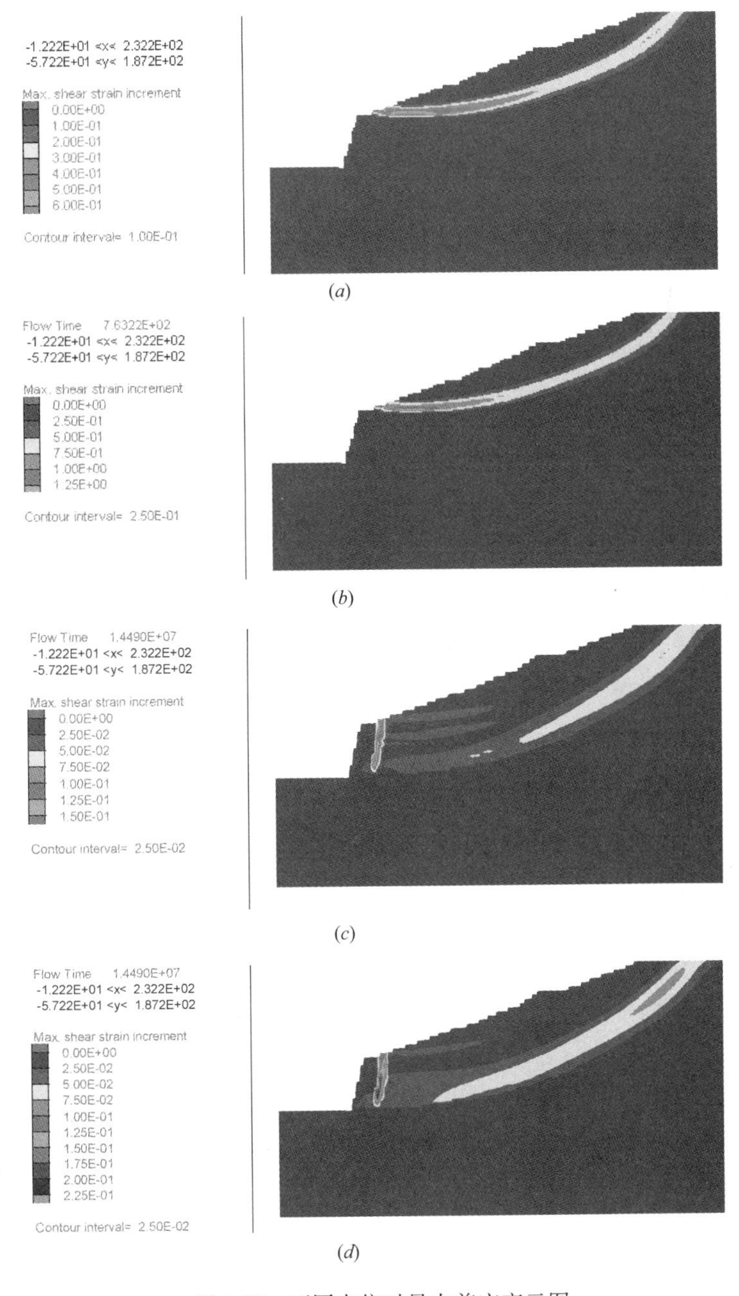

图 4-22 不同水位时最大剪应变云图

Figure 4-22 The Critical slip surface under different water levels

(*a*) 水位=145m；(*b*) 水位=155m；(*c*) 水位=165m；(*d*) 水位=175m

不同水位时模型的安全系数表　表 4-6

Safety factorsof model under different water levels　Table 4-6

库水位高度（m）	145	150	155	160	165	170	175
安全系数	2.39	2.38	2.35	2.31	2.28	2.15	1.96

4.2.3 水位骤降的计算模型及分析

1. 计算模型

上面的研究表明，不同库水位下路堤稳定性会发生变化。库水位的上升引起模型的安全系数下降。本节研究库水位快速下降时对边坡的稳定性影响。库水位的迅速下降，坡体内水位来不及向外渗透，从而形成坡体内外的渗透压和水位差，形成动水压力，对路堤的稳定性产生不利影响。当溢出口处的渗透坡降大于临界坡降时，还容易产生局部边坡的渗透破坏，诸多文献研究表明，库岸在水位快速下降时沿岸边坡的稳定性是最低的。

计算模型的建立采用 FLAC 软件中的流固耦合方法，在 FLAC 软件的初始条件中，考虑了填料自重产生的初始应力场以及初始水位产生的水压力场，模型的建立遵守以下原则：

（1）模型的底面基岩为固定约束，左、右侧面为水平约束。

（2）模型底面及其侧面假设为不透气，坡面则设为透气边界。

（3）模型底面为零流量边界，不透水，侧面属于透水边界。地下水位以下为常水头边界，水头等于初始高程，FLAC 中水头高度采用 INI PP 方式来初始化。地下水位以下填料的水相饱和度固定为 1。

（4）使用 FLAC 中的 INITIAL PP 命令给基岩施加不同的孔隙水压力，采用 APPLY NSTRESS 给挡土墙墙面和墙体左边部分施加不同方向荷载。PP 和 NSTRESS 的大小由 FISH 函数修改得到。使用软件中的 Free PP、Free SAT 命令给水位面上网格点释放孔隙水压力和饱和度。

（5）假定挡土墙和路堤填料均为各向同性的均质材料，材料参数采用第 2 章室内试验获取的物理参数。

（6）库水位骤降的速率按 1m/d 降幅计算。

2. 分析结论

本研究在分析库库水位变化时，首先采用 FLAC 软件的两相渗流分析模块"config tpflow 模块"进行分析，模拟不同的库水位高度（从 145m 开始每一级递增 5m，直到 175m）时库水位按 1m/d 的速度骤降，充分考虑水、气两相流流动，采取了应力耦合的算法。在计算模型的稳定安全系数时采用剪切强度折减法。首先计算在上述各个水位时，孔隙水压力和饱和度作用下地下水位的稳定流动状况，得到水气两相流稳定流后，即可进行高填路基的流固耦合计算。由于路基填料为巴东组地质隧道洞渣，受水的短期浸泡影响较小，填料密度随孔隙饱和度的增大而增大，利用 FLAC 软件内置的 FISH 功能编写相应的运算语句，由软件自动计算得到填料密度的增大值。在给定的库水位条件下，水气相互作用完成后，再进行流固耦合作用，获得不同水位的饱和度云图如图 4-23 所示。

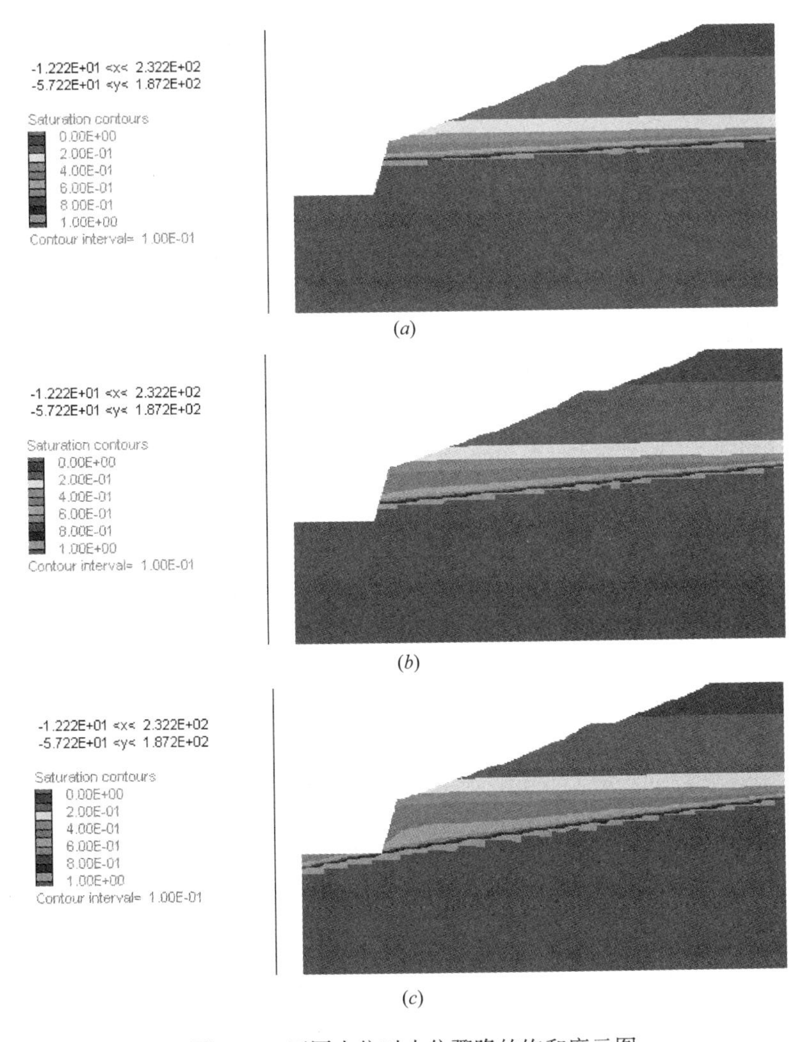

图 4-23　不同水位时水位骤降的饱和度云图

Figure 4-23　Saturation contour under decreasing water levels (1m/d)

(*a*) 库水位=165m；(*b*) 库水位=155m；(*c*) 库水位=145m

库水位在骤降时，挡土墙墙背填料内部产生渗透力和静水压力影响，墙体所受到的侧向水平土压力较水位缓降时增大，但增加的幅度不大。如图 4-24 所示，下墙位置处增大幅度更明显一些。

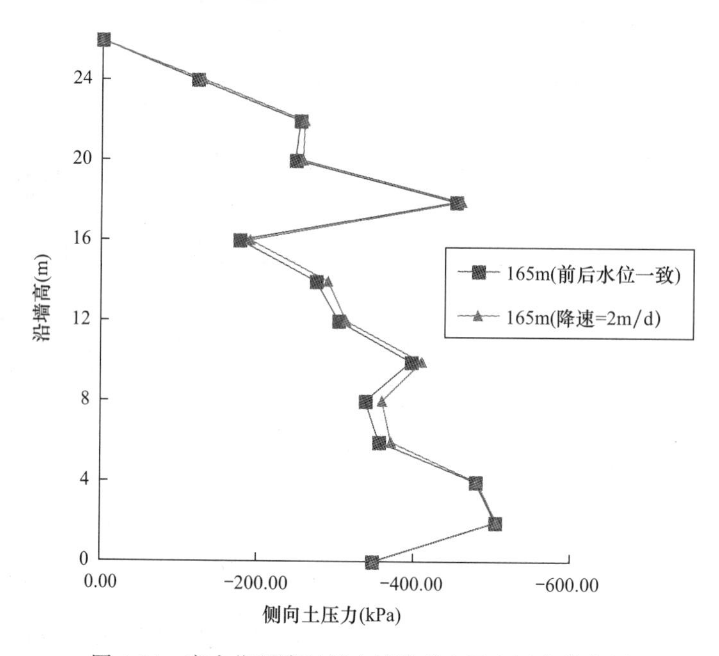

图 4-24 库水位骤降时挡土墙墙背水平土压力分布图

Figure 4-24 The earth pressure to backwall under decreasing water levels

同时采用强度折减法计算不同库水位条件下，水位骤降时模型的安全系数，其结果见表 4-7。可见在不同库水位高度时发生水位骤降情况，模型的安全系数也不相同。库水位低时，模型安全系数仍较高（2.31），库水位高时，模型的安全系数较低（1.96）。但是即使在库水位位于 175m 最高时，水位骤降模型也还是处于安全状态，这与实际工程的运行情况是相符的。

不同水位骤降（1m/d）时模型的路堤安全系数　　表 4-7

The model safety factor under decreasing water levels（1m/d）　Table 4-7

库水位高度（m）	145	150	155	160	165	170	175
安全系数	2.31	2.29	2.24	2.23	2.17	2.12	1.96

当库水位从 175m 高水位快速下降时（安全系数为 1.96），根据填料的性质不同，填料内水位下降或多或少滞后于库水位的下降速度。因为挡土墙墙身设置了泄水孔、墙背设置了片石滤水层，库水位骤降之前，挡土墙内外的地下水位与

库水位是等高的，均为175m。当库水位开始下降后，随着水位的降低，模型的安全系数有一定提高，稳定性逐渐增强。随库水位下降稳定系数变化的趋势是先快后慢，这表明，较低的库水位对路基的稳定性比较高的库水位更有利。较高的库水位使挡土墙墙背后饱和填料较厚一些，非饱和填料吸力发挥的作用明显更弱。随着库水位的不断下降，孔隙水压力逐渐排出，非饱和填料的吸力作用逐渐增强，路基安全系数逐渐增大。

如图4-25所示，当库水位从175m不断下降时，饱和浸润线逐渐倾向于路基边坡外侧并向下发展，越靠近库岸的地方，非饱和土越往路基深处底部扩展，可见，库水位的下降，会改变路基内部土体的饱和非饱和状态，且靠近库岸的土体受到的影响要明显一些。随着库水位的下降，路基失稳破坏形式也不同，水位较高时，路基失稳主要表现为整体滑动，破坏位置为坡脚挡土墙墙背的填料，存在明显的滑动面，这时的稳定性情况与挡土墙一起考虑。随着坡体内孔隙水压的逐渐排出，临界滑动面移动到挡土墙后面的边坡上面，并逐渐变浅，表现为局部浅层的滑坡。

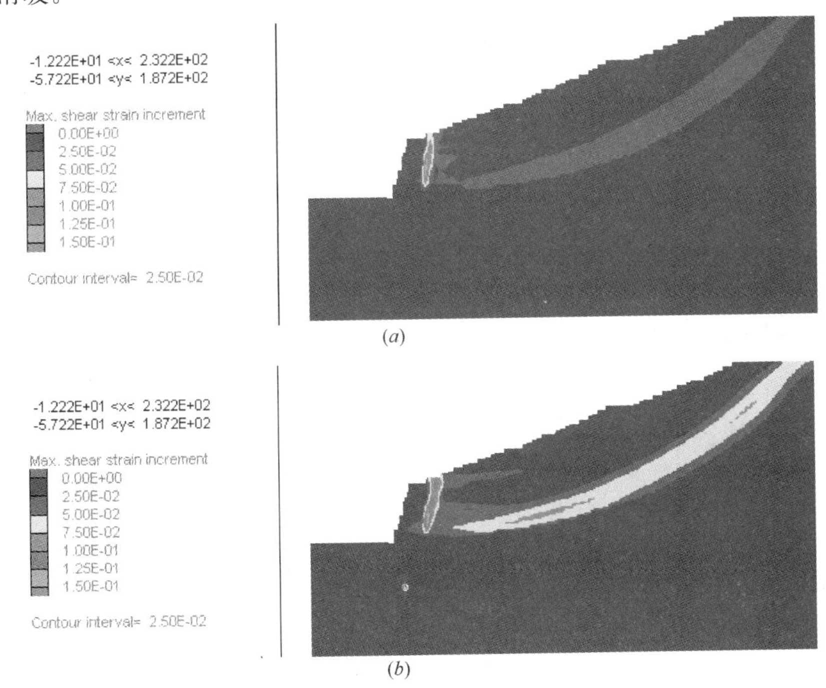

图4-25　不同水位骤降时模型的最大剪应变云图（一）

Figure 4-25　Maximum shear strain contour of model under decreasing water levels（一）

(*a*) 库水位=175m；(*b*) 库水位=165m

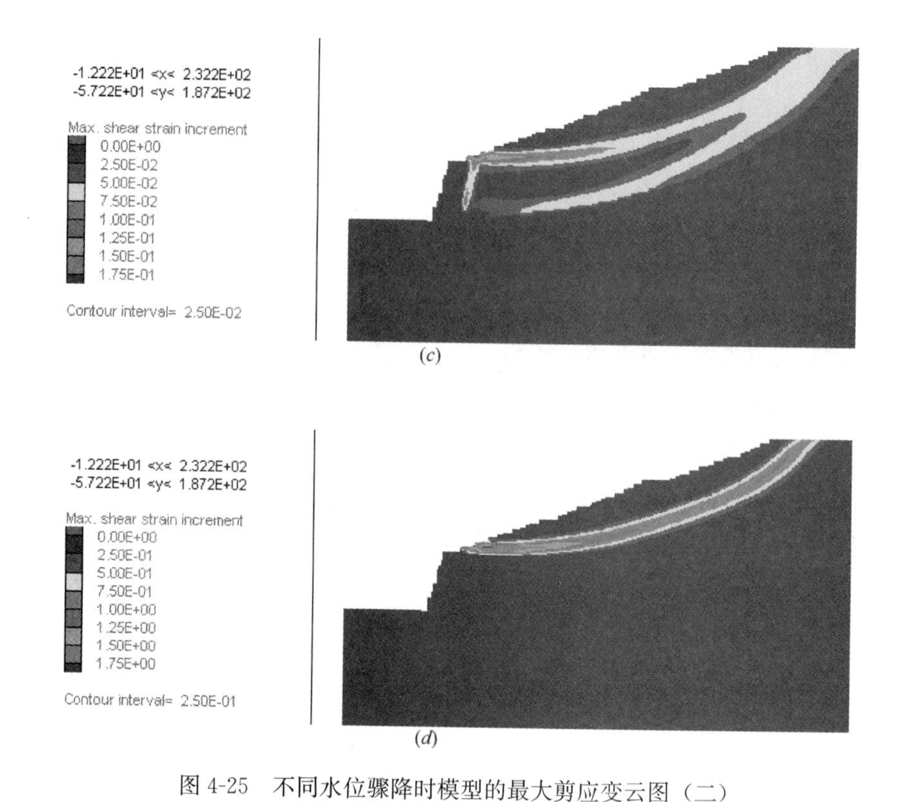

图 4-25　不同水位骤降时模型的最大剪应变云图（二）

Figure 4-25　Maximum shear strain contour of model under decreasing water levels（二）

（c）库水位＝155m；（d）库水位＝145m

4.3　变幅水位对超高边坡稳定性的影响分析

4.3.1　水位上升对超高边坡稳定性的影响

库水位上升淹没阶段，如图 4-26 所示，挡土墙内外均受到水的影响。水对浸水边坡的不利影响主要表现在：水对边坡填料的软化与泥化作用、浮力作用、孔隙水压力与水的冲刷作用以及波浪作用等。共有两种孔隙水压力：其一为动水压力，填料体内有地下水压力作用下的稳定或不稳定的渗流；其二为填料体内有承压水作用，存在着未消散的超孔隙静水压力。

（1）悬浮减重效应。由于水库蓄水水位上升带来挡土墙内侧的地下水位上升，被地下水浸泡的区域逐渐饱和，有效应力降低。另外，软弱面上所受到方向力是重力与浮力之差值，因而减小，抗滑力下降。

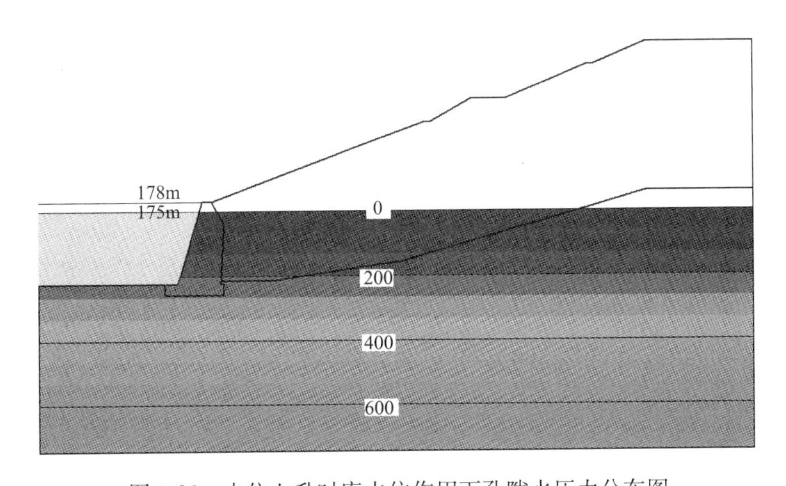

图 4-26 水位上升时库水位作用下孔隙水压力分布图

Figure 4-26 Pore pressure distribution under rising water

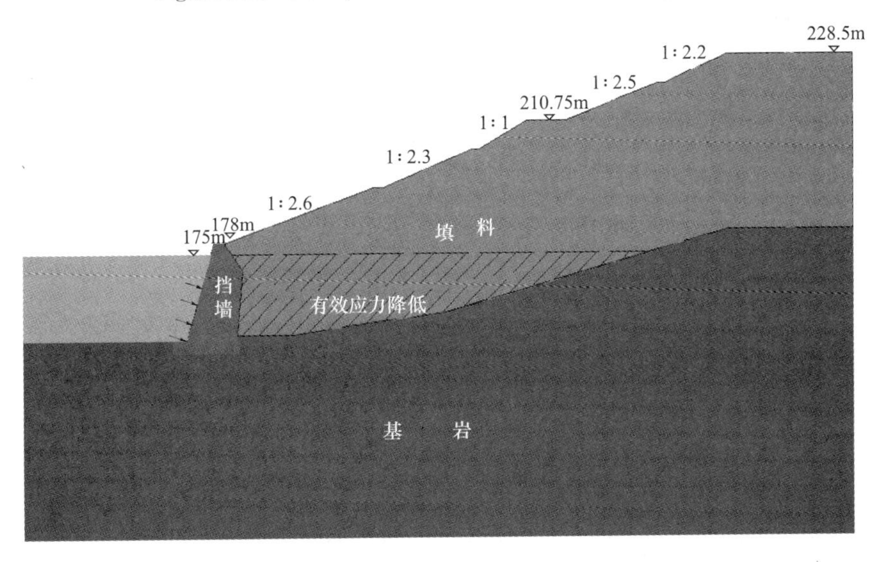

图 4-27 库水位上升时有效应力降低区域图

Figure 4-27 The debased region of effective stress under rising water

（2）泥化效应。基岩、边坡填料经水浸泡后，抗剪强度大幅降低，吸水性越强的地质，强度降低越明显。

（3）冲刷淘蚀效应。三峡水库区域风速较大，特别是夏季大风占 20～30d，大风引起库水位产生波浪，冲刷坡脚（护面挡土墙），掏空基础，切断滑动面而使之临空，丧失基底支撑，边坡的整体稳定性遭受破坏，可能产生崩塌或滑坡。

对于奉节东立交超高路堤，路堤填料采用的是巴东组隧道洞渣，渗透系数较大，自身强度较高，当库水位缓慢上升时，坡体内部的地下水位通过设置在挡土墙墙身的泄水孔与库水位同步上升，两者上升速度近似相等。上升的库水位将对挡土墙施加有利于边坡稳定的水压力作用，方向垂直于坡面向内，这将产生一定的抗滑阻力作用。库水位的上升另一方面将导致浸润线下的孔隙水压力升高，此外部分岩土体由于浸水作用致使其强度降低，这对边坡的稳定是不利的。因此，库水位上升过程中路堤的整体稳定性变化取决于上述两者之间的相互抗衡，最终取决于哪个方面占据优势，从而对边坡稳定性变化起决定性作用。

4.3.2 水位下降对超高边坡稳定性的影响

库水位骤降时，水对浸水边坡的不利作用除上述之外，由于挡土墙背后填料中的地下水位通过挡土墙的泄水孔向外排泄，地下水的下降速度有相对的滞后现象，这导致坡体内将产生超孔隙水压力作用，对边坡稳定性不利。

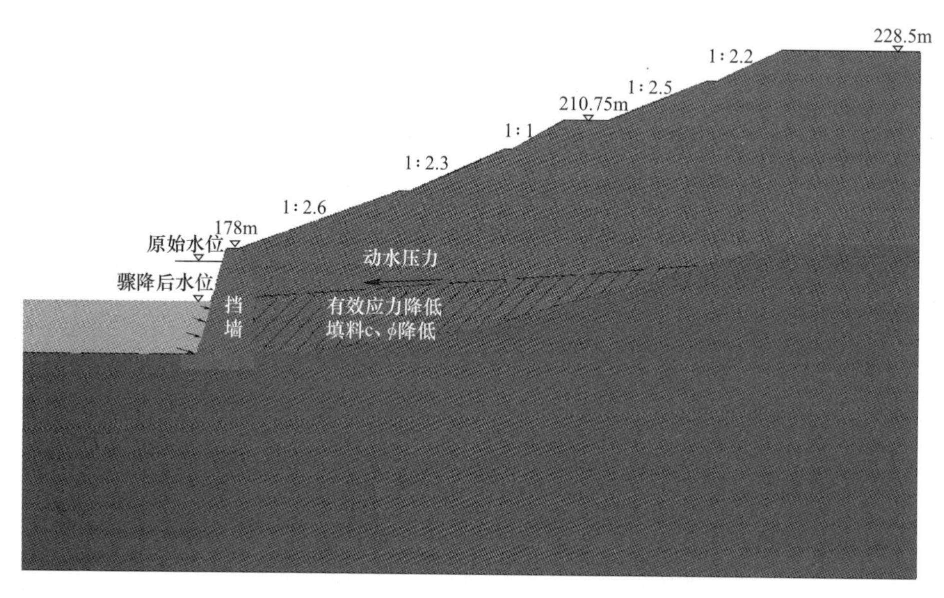

图 4-28　库水位骤降时有效应力降低区域图

Figure 4-28　The debased region of effective stress under water rapid drawdown

(1) 浮托力效应。水库水位骤降时，水的冲刷而形成的具有临空面的岩石所受浮力丧失，滑坡体所受到的抗滑阻力也迅速减小，容易引起崩塌和滑坡。

(2) 孔隙水压力效应。这种水压力与滑坡体的滑动方向往往是一致的，由于库水位的骤降，地下水由滑坡体排出速度较慢，库岸内地下水位滞留，地下水位高于库水位，较大的水深和水力梯度形成较大的动水压力，加大了沿地下渗流方向的滑动力，从而产生滑坡。同时，地下水水位下降滞后于库水位，会形成较高的静水压力，也会增大下滑力，带来边坡失稳。

4.4 变幅水位超高边坡的加固措施及其效果分析

从以上的分析可知，变幅水位作用对巴东组地质填料条件下的超高路堤稳定性有重要影响。除了在施工时注意施工质量，如挖除表层软土、顺沟向挖台阶、分层填筑压实、设置排水盲沟等以外，还应在以下几方面注意增加路堤稳定性的措施。

（1）减少雨水渗入

雨水的大量渗入将增大路堤边坡填料的饱水容重，增大下滑力，同时表层填料吸水后含水量增大，导致基质吸力减小，致抗滑力（抗剪强度）降低，引起浅表层局部失稳。可采取工程加固与坡面绿化结合进行，或采用香根草等生态护坡技术。在强风化的地区可以采取喷浆、拱形骨架护坡、抹面、浆砌实体护面等工程措施处理。

（2）控制填料质量

填料尽量使用级配块石、碎石等水稳定性强的填料，特别在库水位影响较大的区域使用水稳性好的填料砌筑回填并碾压以提高墙后填料的均匀性和透水性，从而提高填料的抗剪强度指标。

（3）使用合适的压实方式，保证压实效果

不同的压实方式可以导致不同的压实效果以及带来各向异性的渗透系数，不同的渗透系数对浸水边坡稳定性影响较大。

（4）做好排水设施

在设计和施工时，应该结合地形设置好地面排水设施和地下排水设施。完善的排水设施，可以快速排出库水和坡体内的水位差，降低水位骤降对路堤安全性的影响。在沟心底部和边缘两个断面可设置级配碎石加中粗砂的盲沟，及时排除地下水。

（5）防止冲刷

为减少变幅库水位对临河挡土墙、边坡产生冲刷淘蚀效应，应考虑设置防冲刷石笼网、水泥混凝土护脚等措施。

4.5 本章小结

本章以杭兰线重庆奉节至云阳高速公路奉节东立交处巴东组地质条件下超高

路堤为研究对象，采用 FLAC 软件建立模型，重点研究了库水位涨落产生的渗流场对超高路堤边坡稳定性的影响，分析了在库水位缓慢上升和骤降对坡体和坡脚挡土墙的安全系数变化规律的影响，得出如下结论：

(1) 通过对奉节东立交处巴东组地质条件下超高路堤的稳定渗流情况下的稳定性研究表明，随着库水位的升高，坡脚挡土墙所受的水平推力越大，水平位移也增大。

(2) 随着库水位的升高，坡脚挡土墙后的侧向土压力增大，并且土压力随着墙高成抛物线分布。坡脚挡土墙所受的水平推力越大，横向滑移可能性增大。V形冲沟超高路堤整体临界破坏面呈现往深层发展的迹象，由局部破坏往深层破坏逐渐发展。

(3) 库水位在高位骤降时，是路堤安全系数最低的时候，此时边坡处于最不利安全状态。骤降情况下，墙外水位骤降产生的非稳定渗流场对超高路堤稳定性的不利影响大于墙外水位缓升或缓降，对边坡最为不利。墙背水平位移随着库水位降落速度增大而增大，同时水平推力也增加。

(4) 最后通过 FLAC 软件的强度折减法计算得到水位缓升和水位骤降时模型的安全系数变化情况，骤降时安全系数低于缓升，但降幅不超过 5%。

(5) 奉节东超高路堤边坡在变幅水位作用下，安全系数虽有下降，当路堤整体仍处于稳定状态，这为工程实施提供了理论支撑。

(6) 针对变幅水位对路堤边坡的影响，提出了该工程库岸超高路堤的综合加固措施。

第5章　土工离心机模拟试验验证

5.1　试验设备及试验原理

大型土工离心试验属于室内模型试验，该试验通常可用于从宏观上对路基边坡、堤坝等大型土工结构物在重力作用下的变形及位移情况进行模拟分析，进行模型的相关性验证，为工程设计提供切实可行的验证。为了进一步验证设计图中最高两个断面的稳定性，确保工程的实施安全，本书特对所选取的两个断面实施了土工离心试验。受限于试验设备及试验手段，本次离心试验仅考虑多级边坡荷载的超高边坡稳定性，而没有将变幅水位对边坡的影响考虑进去。

1. 试验设备

重庆交通大学拥有山区道路建设与维护技术实验室、土工实验室、材料试验中心，其中山区道路建设与维护技术实验室属于国家级试验平台，该实验室拥有大型土工离心试验机。本试验就在重庆交通大学山区道路建设与维护技术实验室完成，该实验室的土工离心机型号为 TLJ-60 型机，如图 5-1 所示。具体的性能指标见表 5-1。

图 5-1　TLJ-60 大型土工试验离心机

Figure 5-1　TLJ-60 geotechnical centrifuge

TLJ-60 离心机主要性能参数 **表 5-1**

The main parameters of TLJ-60 geotechnical centrifuge **Table 5-1**

型号	最大容量	最大荷载	最大加速度	有效半径	模型箱尺寸	摄像监视
TLJ-60 型	60g·t	200g：300kg	200g	2.0m	400mm×500mm×700mm	无
		100g：600kg				

2. 离心试验原理

(1) 相似性原理

某个物理现象的各个物理量之间一定存在特定的相互联系和相互影响，相似的物理现象之间的各个特征物理量之间也存在特定的联系，这种联系就是两个物理现象之所以相似的条件，也就成为模拟试验应该遵守的原则。物理现象的相似其实就是通过各个物理特征量的相似来表现的。对于一般的力学现象而言，应当满足以下的相似条件：①物质相似；②动力学相似；③几何相似；④运动学相似。相似的物理量也可以直观说成原型物理量与模型物理量在方向、大小、分布上存在某种确定的关系，而且相互之间属于某一特定的比例，这就是所谓的相似常数，又称相似比尺，它等于“原型物理量”：“模型物理量”，各物理量之间的比尺关系见表 5-2。

相似性试验的相似常数 **表 5-2**

The similar experiment ratio **Table 5-2**

物理量	加速度	长度	面积	体积	质量	应力	应变	位移
相似比尺	$n:1$	$1:n$	$1:n^2$	$1:n^3$	$1:n^3$	1：1	1：1	$1:n$

(2) 土工离心试验原理

土工离心模型试验采用相似性原理，将实物土工结构物按 $1/n$ 比例制作等比例的小型土工模型，然后把缩小后的模型置于专业的土工离心试验机中，在 n 倍重力（g）离心加速度场中进行试验。根据惯性力与重力的等效原理，及提高加速度不会改变工程材料的物理性质，可以推断 $1/n$ 比例模型与实物原型的应力应变相等、变形相似、破坏机理相同，所以土工离心试验就能再现原型特性。

选取两个典型的断面，采取工地现场取回的巴东组地质填料，按 $1/n$ 比例施工路堤断面模型，然后把模型建在离心试验机的模型箱里面。通过离心机的旋转，给模型提供离心惯性力，施加在模型上的离心惯性力使模型的容重变大，从而使模型的应力、应变与实物原型一致，这样就可以用 $1/n$ 比例模型代表实体原型，验证实体原型的整体稳定性和横、纵向变形情况以及原型的沉降量，并将其分析结果与有限元数值理论计算的应变、沉降进行对比研究，为实体原型工程的施工提供安全性保障。

5.2 试验断面的选取、理论计算及试件制作

1. 试验断面的选取

结合工程的实际特点，通过课题组成员的研究，选取了沟心处最高的衡重式挡土墙路堤和抗滑桩路堤两个具有代表性的断面作为分析的对象。两个断面如图 5-2 和图 5-3 所示。首先对这两个断面采用数值分析法进行理论计算，得到断面各点的应变云图、水平位移云图，然后制作离心试验的试件，经过离心试验后，实际测量两个断面的各点的水平位移，将实际测量的位移值与前面数值分析的理论值进行对比，得出结论。

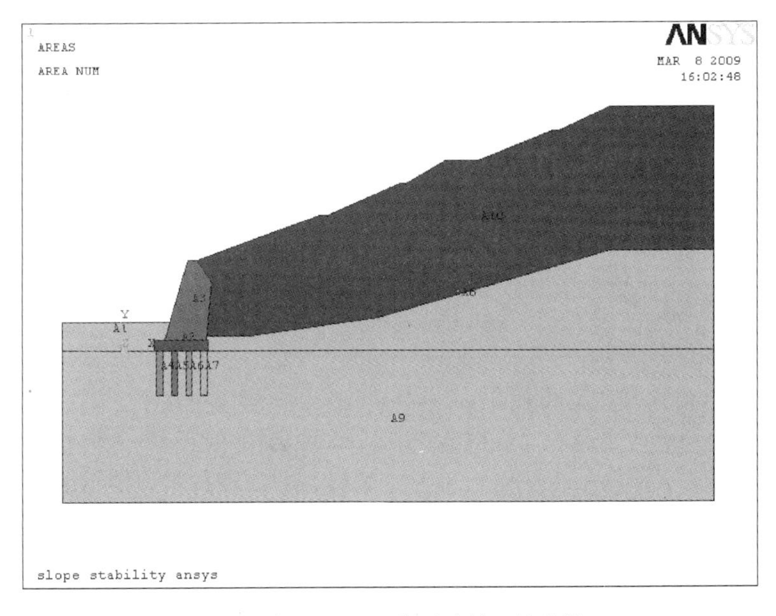

图 5-2 断面Ⅰ-Ⅰ（衡重式挡土墙路堤）

Figure 5-2 The sectional of drawing Ⅰ-Ⅰ

2. 计算参数的选取

在本书的第 2 章中，经过室内试验，关于填料性质的参数已经获取。关于挡土墙和基岩的性质，参考相关文献及本工程的《施工图设计说明》确定其相关力学参数。具体结果见表 5-3。关于车辆荷载的大小，还是按照本书第三章中的研究结论，将其等效为均布荷载更为合理，均布荷载的大小为 15400Pa。

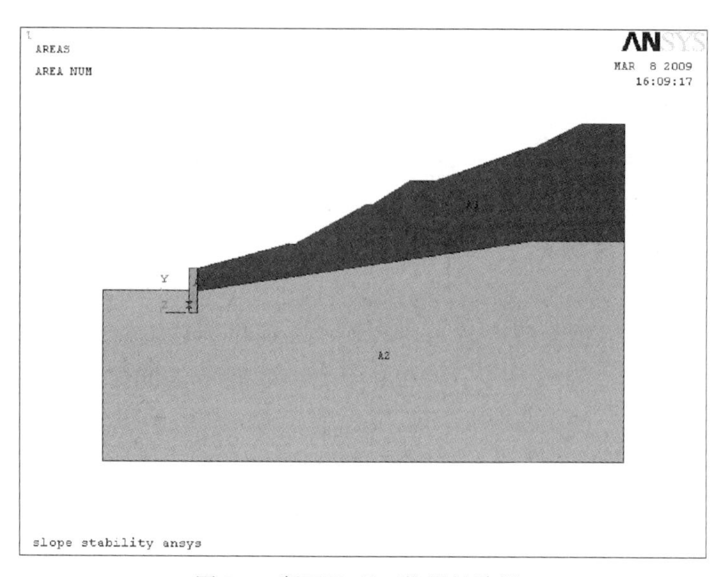

图 5-3 断面Ⅱ-Ⅱ（抗滑桩路堤）

Figure 5-3 The sectionalof drawing Ⅱ-Ⅱ

断面主要材料的计算参数 **表 5-3**

calculation parameters of main material **Table 5-3**

	容重（kN/m³）	黏聚力（Pa）	内摩擦角（°）	泊松比	弹性模量（MPa）
混凝土挡土墙	26.0	/	/	0.14	28500
巴东组地质填料	21.5	5000	36	0.30	38
地基基岩	26.0	/	/	0.14	34500

3. 所选断面位移的理论计算

本书理论分析选用有限元强度折减法，软件选用 ANSYS 分析软件。在该方法中，单元类型选用六节点三角形单元，填料为非线性材料，挡土墙和地基均采用弹性材料，且填料、挡土墙及地基均为平面单元。采用两种工况：工况 1 表示未加边坡车辆荷载的情况，工况 2 表示每级路基边坡的护坡道均有车辆荷载。通过有限元计算得到的安全系数具体结果汇总见表 5-4。相关的水平位移分析图、等效塑性应变图和位移矢量图如图 5-4～图 5-15 所示。

主要计算结果 **表 5-4**

Main calculation results **Table 5-4**

	断面Ⅰ-Ⅰ	断面Ⅱ-Ⅱ
工况 1	1.955	1.721
工况 2	1.902	1.700
变化情况	−2.71%	−1.277%

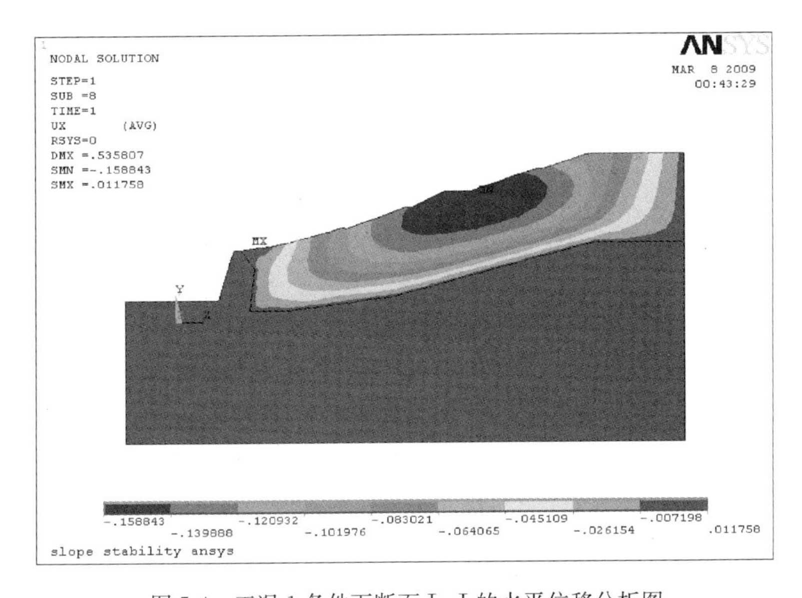

图 5-4　工况 1 条件下断面Ⅰ-Ⅰ的水平位移分析图

Figure 5-4　Condition No. 1 X-component of displacement contour plot of section drawing Ⅰ-Ⅰ

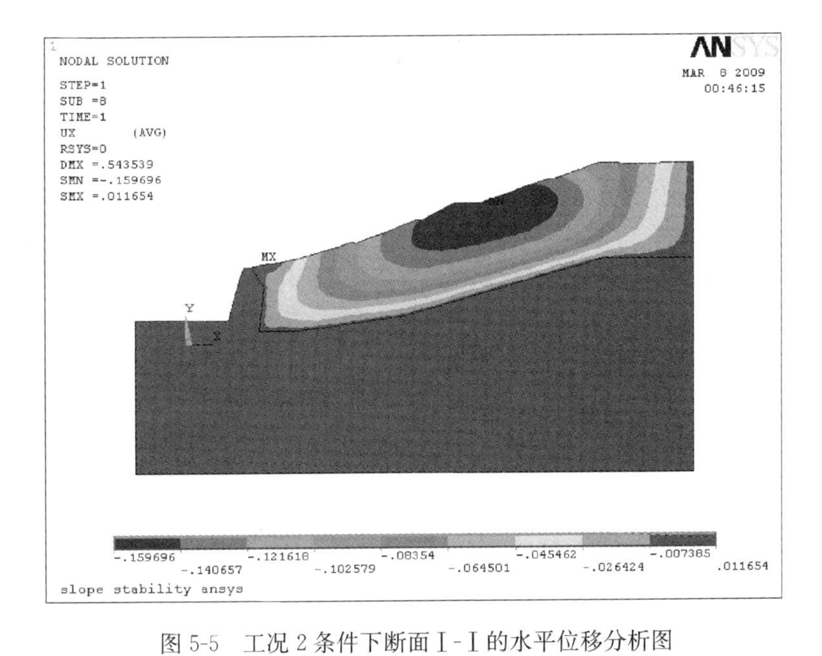

图 5-5　工况 2 条件下断面Ⅰ-Ⅰ的水平位移分析图

Figure 5-5　Condition No. 2 X-component of displacement contour plot of section drawing Ⅰ-Ⅰ

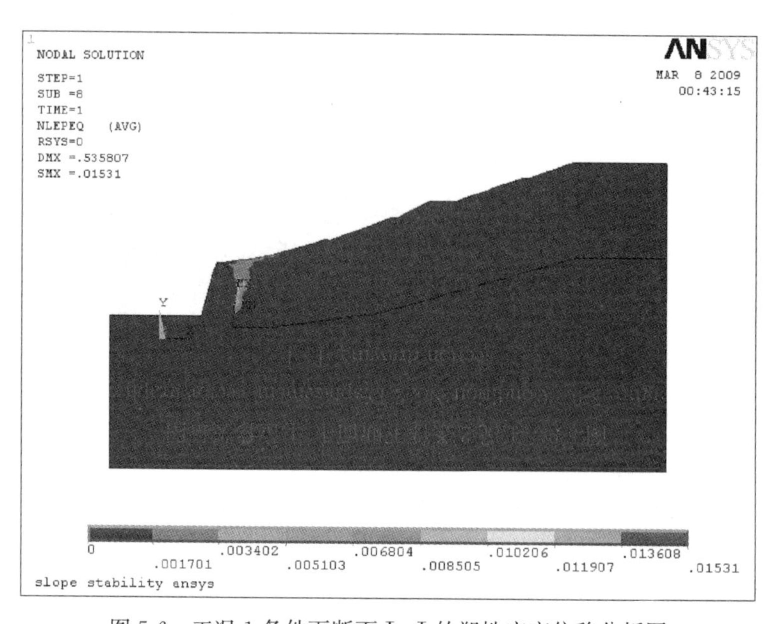

图 5-6　工况 1 条件下断面Ⅰ-Ⅰ的塑性应变位移分析图

Figure 5-6　Condition No. 1 Equivalent plastic strain contour plot of section drawing Ⅰ-Ⅰ

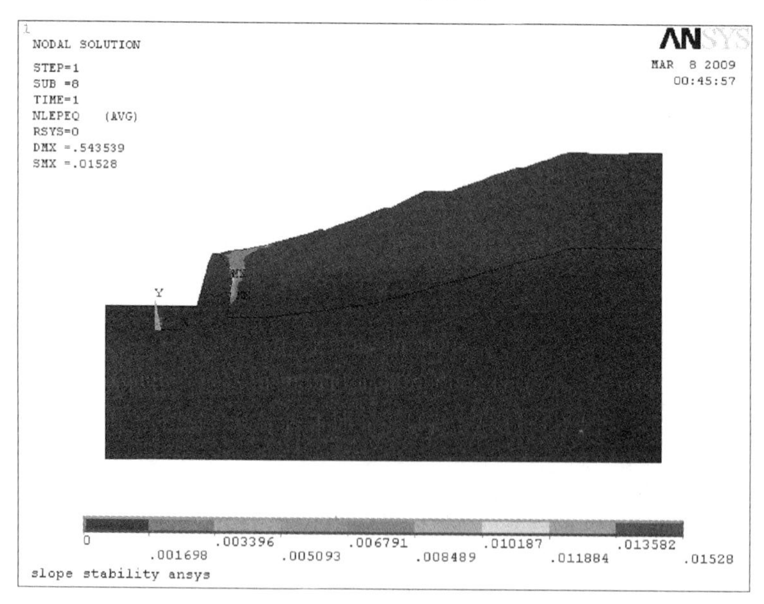

图 5-7　工况 2 条件下断面Ⅰ-Ⅰ的塑性应变分析图

Figure 5-7　Condition No. 2 Equivalent plastic strain contour plot of section drawing Ⅰ-Ⅰ

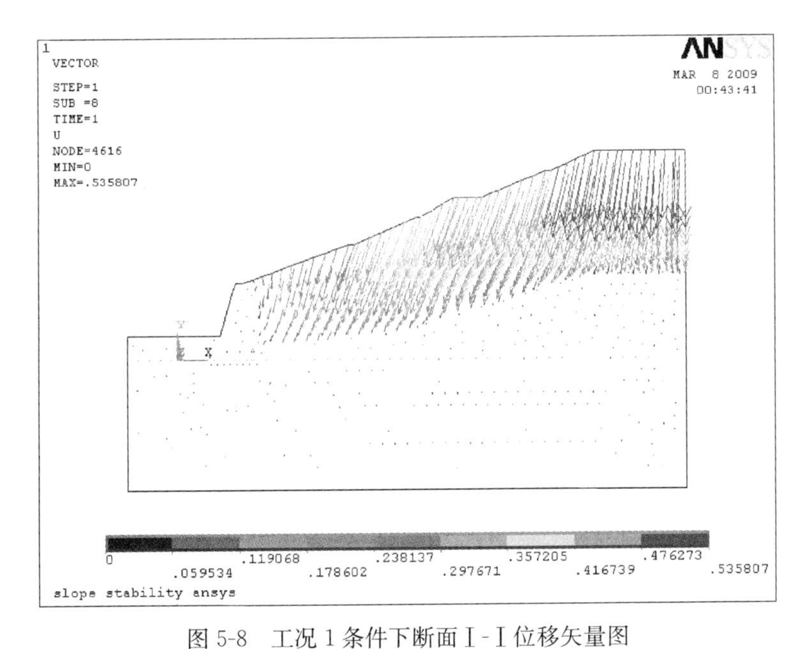

图 5-8　工况 1 条件下断面Ⅰ-Ⅰ位移矢量图

Figure 5-8　Condition No. 1 Displacement vector graph of section drawing Ⅰ-Ⅰ

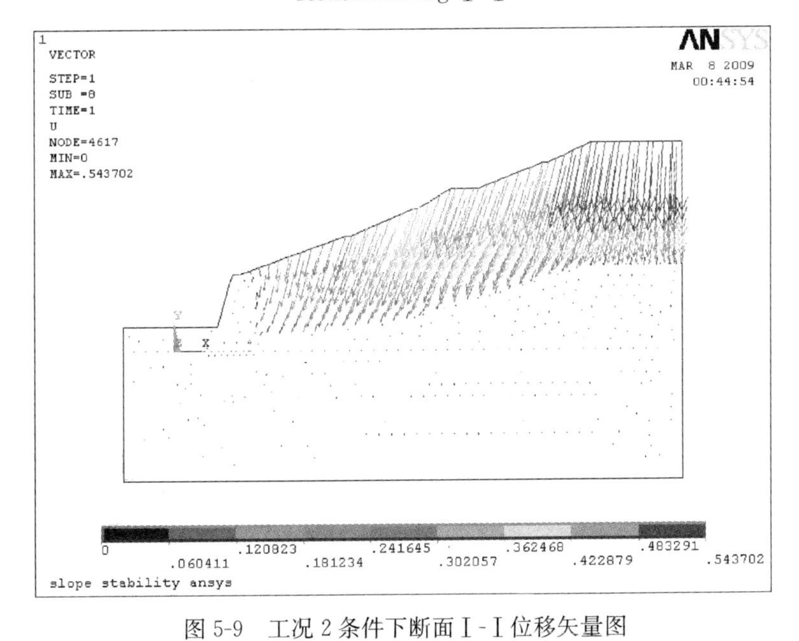

图 5-9　工况 2 条件下断面Ⅰ-Ⅰ位移矢量图

Figure 5-9　Condition No. 2 Displacement vector graph of section drawing Ⅰ-Ⅰ

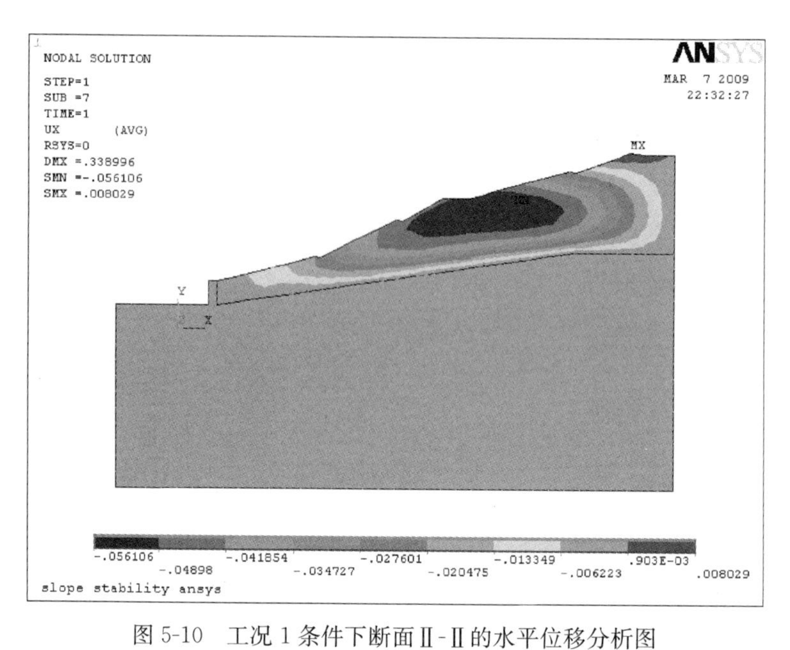

图 5-10 工况 1 条件下断面Ⅱ-Ⅱ的水平位移分析图

Figure 5-10 Condition No. 1 X-component of displacement contour plot of section drawing Ⅱ-Ⅱ

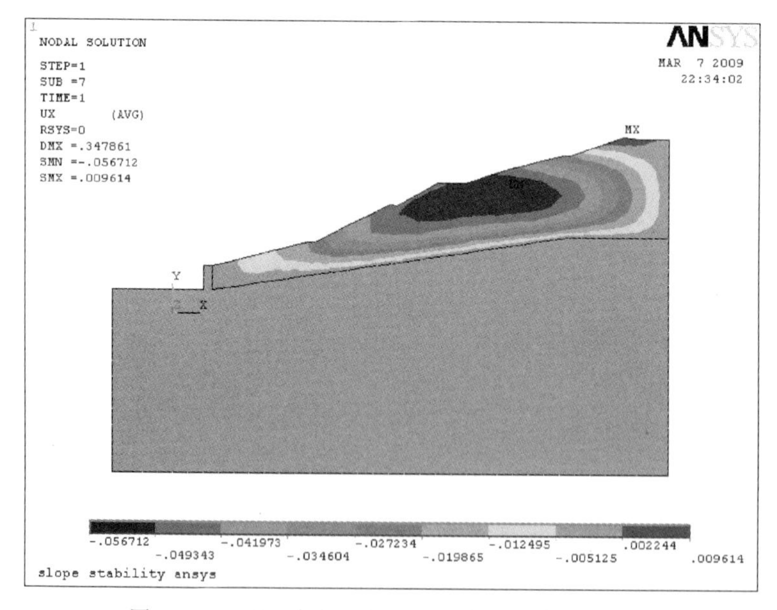

图 5-11 工况 2 条件下断面Ⅱ-Ⅱ的水平位移分析图

Figure 5-11 Condition No. 2 X-component of displacement contour plot of section drawing Ⅱ-Ⅱ

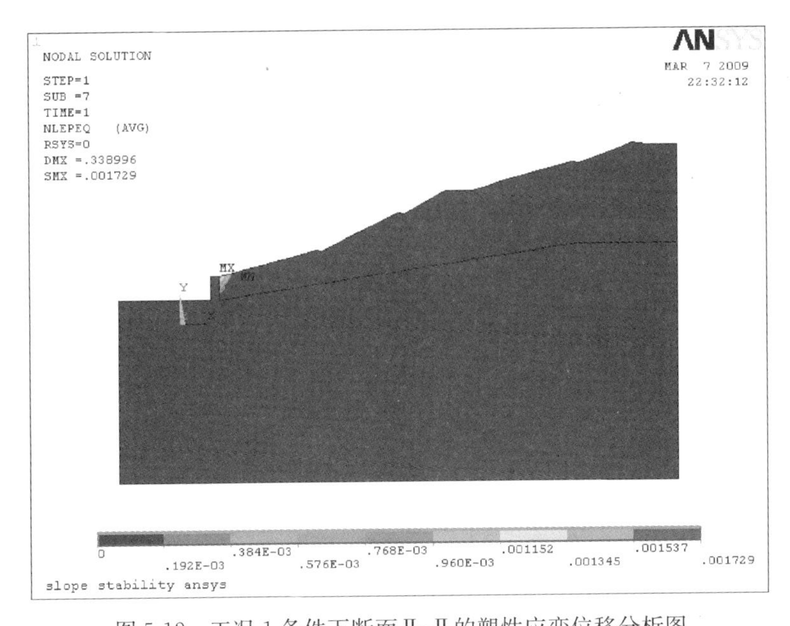

图 5-12　工况 1 条件下断面Ⅱ-Ⅱ的塑性应变位移分析图

Figure 5-12　Condition No. 1 Equivalent plastic strain contour plot of section drawing Ⅱ-Ⅱ

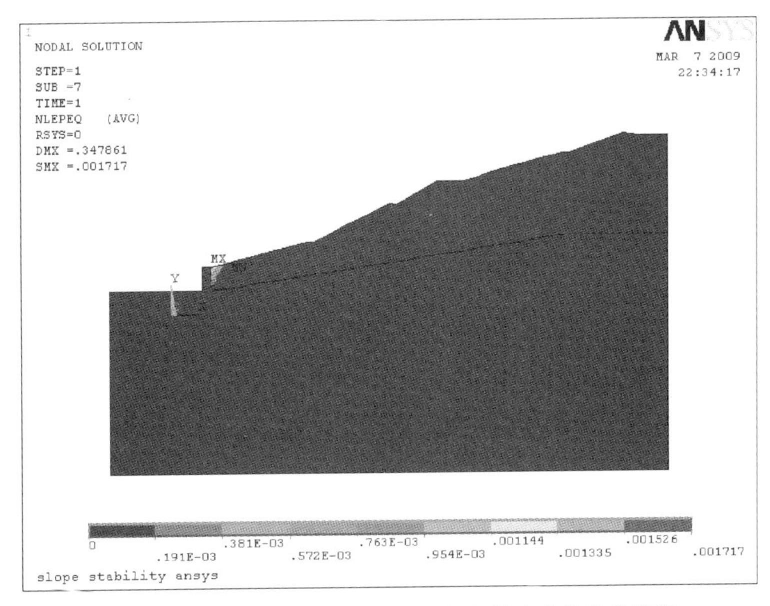

图 5-13　工况 2 条件下断面Ⅱ-Ⅱ的塑性应变位移分析图

Figure 5-13　Condition No. 2 Equivalent plastic strain contour plot of section drawing Ⅱ-Ⅱ

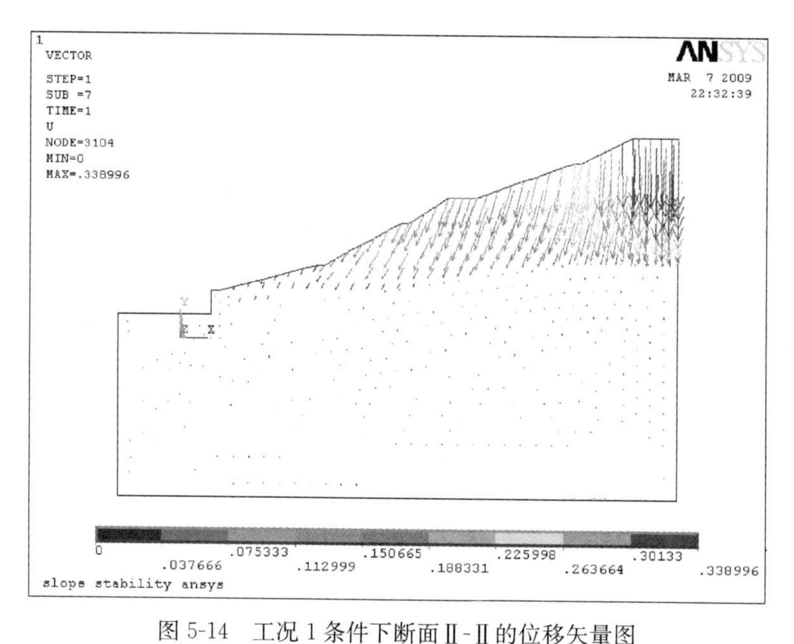

图 5-14　工况 1 条件下断面Ⅱ-Ⅱ的位移矢量图

Figure 5-14　Condition No. 1 Displacement vector graph of section drawing Ⅱ-Ⅱ

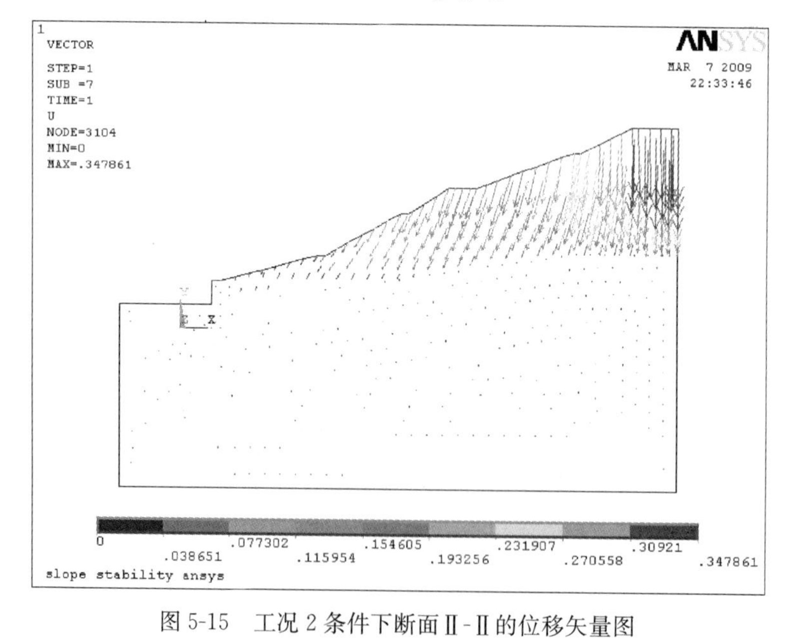

图 5-15　工况 2 条件下断面Ⅱ-Ⅱ的位移矢量图

Figure 5-15　Condition No. 2 Displacement vector graph of section drawing Ⅱ-Ⅱ

表 5-3 中的数据显示，在各级公路护坡道上都布置有车辆荷载的情况下，边坡的稳定系数下降不明显，说明公路边坡车辆荷载对边坡的整体稳定性的影响很小。这与本书前面的分析结果是相同的。从图 5-4～图 5-15 也可以看出，在相同条件下，工况 2 与工况 1 的对应图形没有本质差别。以断面Ⅰ-Ⅰ为例，从图 5-4 可以看出在工况 1 的情况下，断面Ⅰ-Ⅰ的水平绝对位移等于 15.88cm，图 5-5 中可以看出工况 2 的情况下该值等于 15.97cm，仅增加了 0.09cm；从图 5-6 可以知道断面Ⅰ-Ⅰ的最大塑性应变等于 0.015，在工况 2 的情况下该值还是等于 0.015，两者没有一点变化。下面分析以下最大位移情况：上图的最大位移矢量图中，在工况 1 的情况下，最大位移等于 53.58cm，在工况 2 的情况下，该值变为了 54.37cm，仅增加了 0.99cm。依据这些分析表明，超高路堤的多级边坡在有边坡公路车辆荷载的作用下，边坡的稳定性没有明显下降。另外，有一点值得重视的是，从计算的结果看来，虽然边坡车辆荷载对边坡的影响比较小，但是超高边坡自身的沉降量还是比较大的；图 5-15 中位移矢量图也表明了这一点：图中的边坡主体位置的箭头基本上都是垂直向下的，且箭头长度也是最长的。

4. 试件制作

首先在模型箱的底部用水泥混凝土制作岩石基面，表示基岩；衡重式挡土墙及抗滑桩视为刚体结构，也采用混凝土制作。然后采用工程现场运输回来的巴东组隧道洞渣当成试件的填料填筑路堤，按缩小的 $1/n$ 比例尺将断面Ⅰ-Ⅰ和断面Ⅱ-Ⅱ的试件模型制作好，并标准各点的坐标网格，如图 5-16 所示。

图 5-16 模型箱里的试件模型断面（标有坐标网格）

Figure 5-16 The test model section

5.3 试验结果分析

试件制作完成后，将模型箱吊挂在土工离心机上进行试验，离心机高速旋转时，将模型旋转为水平，高速旋转的离心力通过模型的重心，指向基岩，如同实体原型的重力一样。经过离心机提速、加载、减速过程，模型变形趋于稳定。将模型箱从离心机上取下来（如图 5-17～图 5-18 所示），测量模型上网格点的位移变化，整体得到的结果汇总见表 5-4～表 5-7。为了和前面数值分析的结果具有可比性，本次离心试验采用的两个断面与图 5-2 和图 5-3 所示的断面是一样的。根据前面数值分析的结果可知，当有车辆荷载作用时，边坡的稳定性变化很小；车辆荷载等效为当量土柱高时只有 0.72m，当按照 1：200 比例缩小后，只有 0.36cm，在模型制作的过程中 0.36cm 很难精确制作。因此本次离心试验只对断面Ⅰ-Ⅰ和断面Ⅱ-Ⅱ在工况 1（没有边坡车辆荷载）的情况下进行土工离心试验。

图 5-17 断面Ⅰ-Ⅰ试验前和试验后状态对比

Figure 5-17 The state of section drawing Ⅰ-Ⅰ before and after test

图 5-18 断面Ⅱ-Ⅱ试验前和试验后的状态对比

Figure 5-18 The state of section drawing Ⅱ-Ⅱ before and after test

针对上面离心试验的现场实测数据，对断面Ⅰ-Ⅰ、断面Ⅱ-Ⅱ在离心试验前后的坐标计算，得到各点的实际位移值见表 5-8～表 5-9。

断面Ⅰ-Ⅰ试验前 x 方向坐标点读数

表 5-4

x coordinates of point readings of section drawing Ⅰ-Ⅰ before tes

Table 5-4

																						65.0	67.0	69.0	70.9	72.9	74.9
																			58.8	60.9	63.0	64.9	66.9	69.0	70.9	72.9	74.9
														48.9	50.8	52.8	54.8	56.8	58.8	60.9	63.0	64.9	66.9	68.9	70.9	72.9	74.9
											43.1	44.9	46.9	48.9	50.8	52.8	54.7	56.8	58.9	61.0	63.0	64.9	66.9	68.9	70.9	72.9	75.0
									38.9	41.0	43.1	44.9	46.9	48.9	50.9	52.8	54.7	56.8	58.9	61.0	63.0	64.9	66.9	69.0	70.9	73.0	75.0
							35.0	36.8	38.9	41.0	43.1	44.8	46.8	48.8	50.9	52.8	54.7	56.9	58.8	61.0	62.9	64.9	66.9	68.9	71.0	73.0	75.0
				29.1	31.1	33.2	35.0	36.8	39.0	41.0	43.0	44.9	46.8	48.8	50.9	52.8	54.8	56.9	58.8	61.0	62.9	64.9	67.0	68.9	71.0	72.9	75.0
	23.0	25.0	27.0	29.1	31.1	33.1	35.0	36.9	39.0	41.1	43.0	44.9	46.8	48.7	50.9	52.8	54.8	56.9	59.0	60.9	62.9	65.0	66.9	68.9	71.0	73.0	75.0
20.9	23.0	25.0	27.0	29.1	31.0	33.2	35.0	36.9	39.0	41.1	43.0	44.9	46.8	48.7	50.9	52.8	54.8	56.8	58.8	60.9	62.9	65.0	67.0	69.0	71.0	72.9	
20.9	23.1	25.1	27.0	29.0	31.0	33.1	34.9	36.9	39.0	41.0	43.0	44.9	46.9	48.8	50.9	52.8	54.8	56.8	58.8								
20.8	23.0	25.0	26.9	29.0	31.1	33.2	34.9	36.8	38.9	41.0	43.0	44.9	46.8	48.8													
20.8	23.0	25.0	26.9	28.9	31.0	33.1	34.9	36.8	38.9	41.0																	

断面Ⅰ-Ⅰ试验后 x 方向坐标点读数

表 5-5

x coordinates of point readings of section drawing Ⅰ-Ⅰ after test

Table 5-5

																						64.9	67.0	69.0	70.9	72.9	74.9
																			58.7	60.8	63.0	64.8	66.9	69.0	70.9	72.9	74.9
														48.8	50.7	52.7	54.7	56.7	58.7	60.8	63.0	64.9	66.9	68.9	70.8	72.9	75.0
											43.1	44.8	46.9	48.8	50.7	52.8	54.6	56.7	58.9	61.0	63.0	64.9	66.9	68.9	70.9	72.9	75.0
									38.9	41.0	43.0	44.9	46.8	48.9	50.8	52.7	54.7	56.8	58.9	61.0	63.0	64.9	66.9	69.0	70.9	72.9	75.0
							35.0	36.7	38.9	41.0	43.1	44.8	46.7	48.8	50.8	52.8	54.7	56.9	58.9	61.0	62.9	64.9	66.9	68.9	71.0	73.0	75.0
				29.1	31.1	33.1	35.0	36.7	39.0	41.0	43.0	44.9	46.8	48.8	50.8	52.8	54.8	56.9	58.8	61.0	62.9	64.9	67.0	69.0	71.0	72.9	75.0
	23.0	25.0	27.0	29.1	31.0	33.1	35.0	36.9	38.9	41.1	42.9	44.7	46.8	48.7	50.9	52.8	54.8	56.9	59.0	60.9	62.9	65.0	66.9	68.9	71.0	73.0	75.0
20.9	23.0	25.0	27.0	29.0	31.0	33.2	34.9	36.9	39.0	41.1	43.0	44.9	46.8	48.7	50.9	52.8	54.7	56.8	58.8	60.9	63.0	65.0	67.0	69.0	71.0	72.9	
20.9	23.1	25.0	27.0	29.0	31.1	33.1	34.9	36.8	39.0	41.0	43.0	44.9	46.9	48.7	50.9	52.8	54.8	56.8	58.8								
20.9	23.0	25.0	26.9	29.0	31.1	33.2	34.9	36.8	38.9	41.1	43.1	44.9	46.8	48.8													
20.8	23.0	25.0	26.9	29.0	31.1	33.1	34.9	36.8	38.9	41.0																	

断面 II-II 试验前 x 方向坐标点读数

表 5-6

x coordinates of point readings of section drawing II-II beforer test

Table 5-6

																									65.9	68.0	70.0	72.1	74.1	76.1
																								63.8	65.9	68.0	70.0	72.1	74.2	76.2
																						59.8	61.7	63.7	65.8	67.9	70.0	72.0	74.1	76.1
																		51.8	53.8	55.8	57.8	59.8	61.7	63.8	65.9	67.9	70.0	72.0	74.0	76.1
															46.0	47.9	49.9	51.8	53.8	55.9	57.9	59.8	61.8	63.9	66.0	68.0	69.9	72.0	74.1	76.2
													42.0	44.0	46.0	47.9	49.9	51.9	53.8	55.9	57.9	59.8	61.8	63.9	66.0	68.0	69.9	72.0	74.1	76.2
										35.9	38.0	40.0	42.0	44.0	46.0	48.0	49.9	51.9	53.8	55.9	57.9	59.9	61.8	63.9	65.9	68.0	70.1	72.1	74.1	76.1
								32.0	34.0	36.0	38.0	40.0	42.0	44.0	46.0	48.0	50.0	51.9	53.8	55.9	57.9	59.9	61.9	63.9	65.9	68.0	70.0	72.0	74.1	76.1
							30.0	32.0	34.0	35.9	37.9	40.0	42.0	44.0	46.0	47.9	49.9	51.9	53.7	55.8	57.9	59.8	61.8	63.9	65.9	68.0	69.9	72.0	74.1	76.1
					25.9	27.9	29.9	32.0	33.9	35.9	37.9	40.0	42.0	43.9	46.0	47.9	49.9	51.9	53.7	55.7	57.9									
		19.8	21.8	23.9	25.9	27.9	29.9	32.0	33.9	35.9	38.0	40.0	42.0	44.0																
15.6	17.6	19.7	21.8	23.9	25.9	27.9	29.9	32.0																						

断面 II-II 试验后 x 方向坐标点读数

表 5-7

x coordinates of point readings of section drawing II-II after test

Table 5-7

																									65.8	68.0	70.0	72.1	74.1	76.1
																								63.7	65.9	68.0	69.9	72.1	74.2	76.2
																						59.7	61.7	63.7	65.8	67.9	70.0	72.0	74.1	76.1
																		51.8	53.7	55.7	57.7	59.8	61.7	63.8	65.9	67.9	70.0	71.9	74.0	76.1
															45.9	47.8	49.9	51.7	53.8	55.9	57.8	59.8	61.8	63.9	66.0	67.9	69.9	72.0	74.1	76.2
													42	43.9	46.0	47.9	49.9	51.9	53.8	55.9	57.9	59.7	61.8	63.9	66.0	68.0	69.9	72.0	74.1	76.2
										35.9	38.0	40	42	44.0	46.0	48.0	49.9	51.9	53.8	55.9	57.9	59.9	61.8	63.9	65.9	68.0	70.0	72.1	74.1	76.1
								32.0	34.0	36.0	38.0	40	42	44.0	46.0	48.0	50.0	51.9	53.8	55.9	57.9	59.9	61.9	63.9	66.0	68.0	70.0	71.9	74.1	76.1
							30.0	32.0	34.0	36.0	37.9	40	42	44.0	46.0	47.9	49.9	51.8	53.7	55.8	57.9	59.9	61.9	63.9	65.9	68.0	69.9	72.0	74.1	76.2
					25.9	27.9	29.8	31.9	33.9	35.9	37.9	40	42	44.0	46.0	47.9	49.9	51.9	53.7	55.7	57.9									
		19.8	21.8	23.9	25.9	27.9	29.9	32.0	33.9	35.9	38.0	40	42	44.1																
15.6	17.6	19.7	21.8	23.9	25.9	28.0	29.9	32.0																						

断面Ⅰ-Ⅰ坐标点试验前后 x 位移表 表 5-8

x displacement of section drawing Ⅰ-Ⅰ before and after test Table 5-8

x 坐标	20.9	23	25	27	29.1	31	33.2	35	36.9	39	41.1	43	44.9	46.8	48.7	50.9	52.8	54.8	56.8	58.8	60.9	62.9	65	67	69	71	72.9	75
最大位移	0.1	0	−0.1	0	−0.1	0.1	−0.1	−0.1	−0.1	0.1	0.1	0.1	−0.2	−0.1	−0.1	−0.1	−0.1	−0.1	−0.1	−0.1	−0.1	0.1	−0.1	0	0.1	−0.1	−0.1	0.1
1	0	0	0	0	0	0	0	0	0	0	0	0	0	0	0	0	0	0	0	0	0	0	−0.1	0	0	0	0	0
2	0	0	0	0	0	0	0	0	0	0	0	0	0	0	0	0	0	0	0	−0.1	−0.1	0	−0.1	0	0	0	0	0
3	0	0	0	0	0	0	0	0	0	0	0	0	0	0	−0.1	−0.1	−0.1	−0.1	−0.1	−0.1	−0.1	0	0	0	0	−0.1	0	0.1
4	0	0	0	0	0	0	0	0	0	0	0	0	−0.1	0	−0.1	−0.1	0	−0.1	−0.1	0	0	0	0	0	0	0	0	0
5	0	0	0	0	0	0	0	0	0	0	0	−0.1	0	−0.1	0	−0.1	−0.1	0	0	0	0	0	0	0	0	0	−0.1	0
6	0	0	0	0	0	0	0	0	−0.1	0	0	0	0	−0.1	0	−0.1	0	0	0	0.1	0	0	0	0	0	0	0	0
7	0	0	0	0	0	0	−0.1	0	−0.1	0	0	0	0	0	0	−0.1	0	0	0	0	0	0	0	0	0.1	0	0	0
8	0	0	0	0	0	−0.1	0	0	0	−0.1	0	0	−0.2	0	0	0	0	0	0	0	0	0	0	0	0	0	0	0
9	0	0	0	0	−0.1	0	0	−0.1	0	0	0	0	0	0	0	0	0	−0.1	0	0	0	0.1	0	0	0	0	0	0
10	0	0	−0.1	0	0	0.1	0	0	−0.1	0	0	0	0	0	−0.1	0	0	0	0	0	0	0	0	0	0	0	0	0
11	0.1	0	0	0	0	0	0	0	0	0	0.1	0.1	0	0	0	0	0	0	0	0	0	0	0	0	0	0	0	0
12	0	0	0	0	0.1	0.1	0	0	0	0	0	0	0	0	0	0	0	0	0	0	0	0	0	0	0	0	0	0

断面 II-II 坐标点试验前后 x 位移表　　表 5-9

x displacement of section drawing II-II before and after test　　Table 5-9

	1	2	3	4	5	6	7	8	9	10	11	12	13	14	15	16	17	18	19	20	21	22	23	24	25	26	27	28	29	30	31
x 坐标	15.6	17.6	19.8	21.8	23.9	25.9	27.9	29.9	32	33.9	35.9	38	40	42	44	46	47.9	49.9	51.8	53.7	55.8	57.9	59.9	61.9	63.9	65.9	68	69.9	72	74.1	76.2
最大位移	0	0	0	0	0	0	0.1	−0.1	−0.1	0	0.1	0	0	−0.1	0.1	−0.1	−0.1	0	−0.1	−0.1	−0.1	−0.1	−0.1	−0.1	−0.1	−0.1	−0.1	−0.1	−0.1	−0.1	0.1
1	0	0	0	0	0	0	0	0	0	0	0	0	0	0	0	0	0	0	0	0	0	0	0	0	0	−0.1	0	0	0	0	0
2	0	0	0	0	0	0	0	0	0	0	0	0	0	0	0	0	0	0	0	0	0	0	0	0	−0.1	0	0	−0.1	0	0	0
3	0	0	0	0	0	0	0	0	0	0	0	0	0	0	0	0	0	0	0	0	0	0	−0.1	0	0	0	0	0	0	0	0
4	0	0	0	0	0	0	0	0	0	0	0	0	0	0	0	0	0	0	0	−0.1	−0.1	−0.1	0	0	0	0	0	0	−0.1	0	0
5	0	0	0	0	0	0	0	0	0	0	0	0	0	0	0	−0.1	−0.1	0	−0.1	0	0	−0.1	0	0	0	0	−0.1	0	0	0	0
6	0	0	0	0	0	0	0	0	0	0	0	0	0	0	−0.1	0	0	0	0	0	0	0	−0.1	0	0	0	0	0	0	0	0
7	0	0	0	0	0	0	0	0	0	0	0	0	0	0	0	0	0	0	0	0	0	0	0	0	0	0	0	−0.1	0	0	0
8	0	0	0	0	0	0	0	0	0	0	0	0	0	0	0	0	0	0	0	0	0	0	0	0	0	0.1	0	0	−0.1	0	0
9	0	0	0	0	0	0	0	0	0	0	0.1	0	0	0	0	0	0	0	−0.1	0	0	0	0.1	0.1	0	0	0	0	0	0	0.1
10	0	0	0	0	0	0	0	−0.1	−0.1	0	0	0	0	0	0.1	0	0	0	0	0	0	0	0	0	0	0	0	0	0	0	0
11	0	0	0	0	0	0	0	0	0	0	0	0	0	0	0.1	0	0	0	0	0	0	0	0	0	0	0	0	0	0	0	0
12	0	0	0	0	0	0	0.1	0	0	0	0	0	0	0	0	0	0	0	0	0	0	0	0	0	0	0	0	0	0	0	0

将各坐标点对应的点最大位移分析可以得到位移分布图，如图 5-19 和图 5-20 所示。

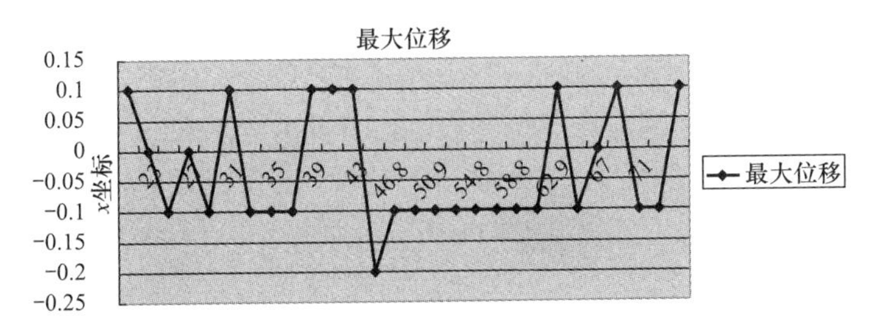

图 5-19　断面Ⅰ-Ⅰ试验前后水平最大位移分布图

Figure 5-19　Max horizontal displacement of section drawing

Ⅰ-Ⅰ before and after test

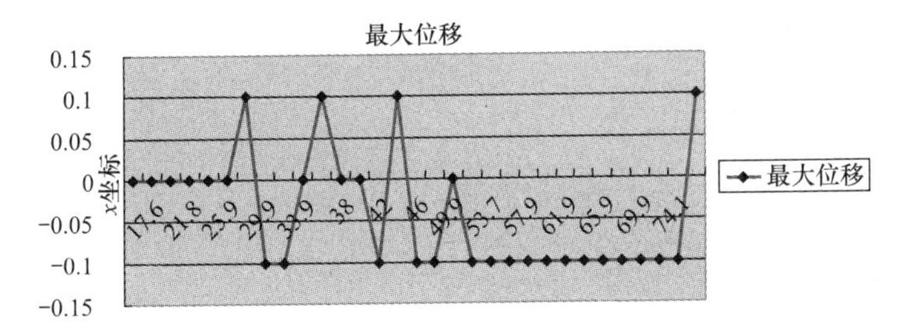

图 5-20　断面Ⅱ-Ⅱ试验前后水平最大位移分布图

Figure 5-20　Max horizontal displacement of section drawing

Ⅱ-Ⅱ before and after test

通过观察图 5-17 和图 5-18，可以发现试验前后肉眼几乎不能读出模型的变化量；同时也可以观察到，模型在试验之后没有明显的裂缝，边坡也没有发生任何明显变形。分析表 5-4～表 5-7 中的数据可知，断面Ⅰ-Ⅰ和断面Ⅱ-Ⅱ的模型在离心试验前后，*X* 坐标读数变化很小，这跟从图 5-17 和图 5-18 中观察到的现象是一致的。这说明边坡处于稳定状态，试验结果很好地印证了实际原型施工现状。同时离心试验得到的结论与有限元数值分析得到的结论也是相同的。

5.4　本章小结

本章的大型土工离心试验是以国家重点工程——杭兰线重庆奉节至云阳高速公路为工程背景，选取奉节东立交处的两个典型断面作为分析对象，采用工程实地运回来的巴东组地质填料为模型材料，制作两个断面的小比例模型。对奉节东立交处的高填方路堤的稳定性进行了分析，并对比在工况 1 和工况 2 的情况下高边坡的整体的稳定性。同时采用大型土工离心试验对该边坡的稳定性进行验证。得到如下结论：

1. 所选取的两个典型断面在工况 1 的条件下处于稳定状态。稳定系数分别为 1.956 和 1.722；最大绝对水平位移较小，分别为 15.88cm 和 5.61cm。

2. 所选取的两个典型断面在工况 2 的条件下处于稳定状态。稳定系数分别为 1.903 和 1.7；最大绝对水平位移也较小，分别为 15.97cm 和 5.67cm。

3. 公路边坡车辆荷载对边坡的稳定性影响很小。从最大水平位移来看，断面Ⅰ-Ⅰ和断面Ⅱ-Ⅱ的最大绝对水平位移分别仅增加 0.09cm 和 0.06cm；从稳定系数的角度看，两个断面的温度系数分别降低了 2.71%和 1.28%。

4. 离心试验的结果也验证了断面Ⅰ-Ⅰ和断面Ⅱ-Ⅱ在工况 1 的条件下是稳定状态。

第6章　主要结论与建议

6.1　全文总结

本书以长江学者和创新团队发展计划资助（IRT1045）以及重庆市科技项目《多重荷载作用下巴东组泥灰岩填料超高填方路堤稳定性及支护结构研究》为依托，针对西部山区常见巴东组地质背景，对多级边坡车辆荷载及变幅水位作用下的超高填方边坡稳定性进行了全面的研究，经过室内试验、有限元分析和大型土工离心试验验证，得到以下主要结论：

（1）对于高达80m的超高边坡稳定性分析，极限平衡法与有限元强度折减法是适用的。采用有限元强度折减法分析超高边坡的稳定性时，其结果与极限平衡法中斯宾塞法计算的结果最为接近。

（2）多级高填方边坡上的车辆荷载的换算方式对边坡稳定性计算结果有一定的影响，但影响很小。研究表明，对于多级荷载作用下的超高边坡稳定性分析，把车辆荷载等效换算为均布荷载更加合理。

（3）研究得到了多级公路荷载对超高边坡稳定性影响的变化规律：边坡车辆荷载对超高边坡的稳定性的影响比较小，其小于它对低路堤边坡稳定性的影响；边坡车辆荷载对边坡稳定性的影响程度与边坡高度成反比，并且随着高度的增大逐渐趋于零；边坡车辆荷载对边坡稳定性的影响随坡度的减小而减小等。

（4）采用有限元强度折减法分析超高边坡的稳定性时，其结论与极限平衡法中斯宾塞法计算的结论基本相同；边坡内部的位移和应力分布云图显示，多级边坡的整体稳定性比任何一级边坡的稳定性都好，超高填方边坡一般最先发生的是局部失稳，而不是整个边坡完全失稳。

（5）建立了变幅水位下饱和—非饱和渗流与应力耦合的计算模型，并进行了变幅水位的数值模拟分析。研究得到了变幅水位作用下，超高边坡的应力应变规律：随着库水位的升高，奉节东立交坡脚挡土墙所受的水平推力越大，坡脚挡土墙后的侧向土压力增大，并且土压力随着墙高成抛物线分布；奉节东立交库水位骤降情况下，墙外水位骤降产生的非稳定渗流场对超高路堤稳定性的不利影响大于墙外水位缓升缓降，墙背水平推力也增加。

（6）采用大型土工离心试验对高达 83m 的奉节东立交超高边坡稳定性验证，研究手段具有一定的创新性，结论表明该路堤的两个典型断面是稳定的，同时试验数据与有限元数值分析所得的结论也基本一致的。

6.2 创新点

（1）本书揭示了多级公路荷载对超高边坡稳定性影响的变化规律：边坡车辆荷载对超高边坡的稳定性的影响比较小，其小于它对低路堤边坡稳定性的影响；边坡车辆荷载对边坡稳定性的影响程度与边坡高度成反比，并且随着高度的增大逐渐趋于零；边坡车辆荷载对边坡稳定性的影响随坡度的减小而减小等等。

（2）本书建立了变幅水位下饱和—非饱和渗流与应力耦合的计算模型，并进行了变幅水位的数值模拟分析揭示了变幅水位作用下，超高边坡的应力应变规律。

（3）提出了依托工程的工程加固措施并采用大型土工离心试验对工程的依托高达 83m 的奉节东立交超高边坡稳定性验证，研究手段具有一定的创新性。

6.3 进一步研究的建议

本书研究的巴东组地质条件下多级边坡车辆荷载及变幅水位作用下超高边坡的稳定性问题，虽然得到了一些结论，但也存在一定的局限性，在这个问题上还有待于进一步研究和完善：

（1）本书选择了十个不同尺寸的边坡模型进行分析，下一步应该选取更多种类的边坡样式，研究其在多级边坡车辆荷载作用下的稳定性。

（2）本书重点研究了巴东组地质填料下的超高路堤，下一步应改变路基填料，研究其他填料，甚至在多种填料混填的条件下，车辆荷载对边坡稳定性的影响规律。

（3）奉节东立交模型计算中，将所有填料的渗透系数等参数均假定为各向同性，下一步应该进一步对材料的各向异性进行讨论和研究。

参考文献

[1] 邓卫东. 超高路堤稳定性研究 [D]. 西安：长安大学，2003.

[2] 张春笋，吴进良. 多级边坡车辆荷载作用下高填方路堤边坡稳定性研究 [D]. 重庆：重庆交通大学，2009.

[3] 陈麟，吴国雄. 水因素作用下 V 形冲沟超高路堤边坡稳定性研究 [D]. 重庆：重庆交通大学，2011.

[4] 重庆交通规划勘察设计院. 重庆奉节至云阳高速公路奉节东立交施工图设计文件. 2009.

[5] 刘先义，吴国雄. V 型冲沟超高路堤稳定性分析合理方法研究 [D]. 重庆：重庆交通大学，2011.

[6] 丁静声，吴国雄. V 型冲沟多级多向荷载作用下超高路堤整体稳定性研究 [D]. 重庆：重庆交通大学，2011.

[7] 陈祖煜. 土质边坡稳定分析 [M]. 北京：中国水利水电出版社，2003.

[8] 邹广电，魏汝龙. 土坡稳定分析普遍极限平衡法数值解的理论及方法研究 [J]. 岩石力学与工程学报，2006，25（2）：363-370.

[9] 张常亮. 边坡稳定性三维极限平衡法研究 [D]. 西安：长安大学，2008.

[10] 刘文平，郑颖人，刘元雪. 边坡稳定性理论及其局限性 [J]. 后勤工程学院学报，2005，(1)：15-19.

[11] 高大钊，袁聚元. 土质学与土力学 [M]. 北京：人民交通出版社，2003.

[12] 天津大学. 土力学与地基 [M]. 北京：人民交通出版社，1980.

[13] Terzaghi，K. Theoretical soil mechanics [M]. New York，John Wiley & Sons，Inc，N. Y，1943.

[14] 刘金龙. 边坡稳定性及路堤变形与破坏机理研究 [D]. 中国科学院武汉岩土力学研究所博士论文，2006.

[15] 赵明阶. 边坡工程处治技术 [M]. 北京：人民交通出版社，2003.

[16] Euoki. M，张冠军. 广义极限平衡法 [J]. 地下工程与隧道，1992，(3)：47-48.

[17] 栾茂田. 土体稳定分析的改进滑楔模型及其应用 [J]. 岩土工程学报，1995，17（4）：1-9.

[18] 朱大勇，周早生. 边坡全局临界滑动场（GCSF）理论及工程应用 [J]. 土木工程学报，1999.

[19] 李广信. 高等土力学 [M]. 北京：清华大学出版社，2004.

[20] 潘家铮. 建筑物的抗滑稳定性和滑坡分析 [M]. 北京：水利出版社，1980.

[21] 李荣伟，侯恩科. 边坡稳定性研究评价方法研究现状与发展趋势 [J]. 西部探矿工程，2007，(3)：4-6.

［22］ Sloan S W. Upper bound limit analysis using discontinous velocity fields［J］. Comput Appl Meth Engrg，1995，127：293-314.

［23］ Lyamin A V，Sloan S W. Upper bound limit analysis using finite element and non-linear programming［J］. International Journal for Numerical and Analytical Methods in Geomechanics，2002，(26)：181-216.

［24］ 董倩，刘东燕. 均质边坡稳定分析的上限解探讨［J］. 公路交通科技，2007，24（6）：8-11.

［25］ 赵尚毅，郑颖人，时卫民等. 用有限元强度折减法求边坡稳定安全系数［J］. 岩土工程学报，2002，24（3）：343-346.

［26］ 赵尚毅，时卫民，郑颖人. 边坡稳定性分析的有限元法［J］. 地下空间，2001，21（5）：450-454.

［27］ Nguyen V U. Determination of critical slope failure surface［J］. Geotech. Engng，ASCE，1985，111（2）：238-250.

［28］ 殷综泽，吕擎峰. 圆弧滑动有限元土坡稳定分析［J］. 岩土力学，2005，26（10）：525-529.

［29］ 郑颖人，赵尚毅，邓楚键等. 有限元极限分析法发展及其在岩土工程中的应用［J］. 中国工程科学，2006，(8)：39-60.

［30］ Zienkiewicz O C，Humpheson C and Lewis R W. Associated and non-associated visco-plasticity and plasticity in soil mechanics［J］. Geotechnique，1975，25（4）：671-689.

［31］ Duncan J M. State of the art：Limite equilibrium and finite element analysis of slopes［J］. Journal of Geotechnical Engineering，ASCE，1996，122（7）：577-596.

［32］ 陆述远. 水工建筑物专题（复杂坝基和地下结构）［M］. 北京：水利电力出版社，1995.

［33］ 张常亮，李同录，李萍. 三维边坡稳定性分析的解析算法［J］. 中国地质灾害与防治学报，2007，18（1）：99-103.

［34］ 张常亮，李同录，李萍，赵成. 边坡三维极限平衡法的通用形式［J］. 工程地质学报，2008，16（1）：70-75.

［35］ Hovland H J. Three-dimensional slope stability analysis method［J］. Journal of the Geotechnical Engineering，Division Proceedings of the American Society of Civil Engineers，1977，103（GT9）：971-986.

［36］ Hungr O，Salgado F M，Byrne P M. Evaluation of a three-dimensional method of slope stability analysis［J］. Can Geotech J. 1989，26：679-686.

［37］ Hungr O. An extension of Bishop's simplified method of slope stability analysis to three-dimensions［J］. Geotechnique，1987，37：113-117.

［38］ Nermeen A. Slope Stability Analysis Using 2D and 3D Methods［D］. The University of Akron，2006.

［39］ 李同录，王艳霞，邓宏科. 一种改进的三维边坡稳定性分析方法［J］. 岩土工程学报，

2003，25（5）：611-614.
[40] 丁静声，吴国雄，刘先义等. 冲沟路基稳定性影响因素的三维有限元分析［J］. 昆明理工大学学报（理工版），2010，35（3）：57-61.
[41] 刘先义，曾德云，陈东涛. 侧岸约束下高填路基稳定性三维效应系数计算［J］. 公路交通科技（应用技术版），2010，6（69）：59-62.
[42] 张春笋，吴进良，李晓军，陈福丰. 边坡车辆荷载作用下边坡稳定性研究［J］. 重庆交通大学学报，2009，4.
[43] Jinliangwu，Yongxingzhang. Finite element analysis of stability of extra-high slope under multilayer slope load，Disaster advances，2012. 9.
[44] Jinliangwu，Yongxingzhang，Nianpeng. The Seismic Stability Numerical Analysis of Embankment High Slope with Different Filling，Applied Mechanics and Materials，2011. 11.
[45] Jinliangwu，Yongxingzhang. Research on the law of the infuence on Multilayer slope load to the different gradient high slope stability，Applied Mechanics and Materials，2012. 5.
[46] 丁静声，吴进良，张春笋. 荷载处理方式对边坡稳定性影响的效果分析，路基工程，2009，12.
[47] 张斌. 山区公路高填路堤稳定性和变形研究［D］. 福州：福州大学，2004.
[48] 宋雅坤，郑颖人，赵尚毅，雷文杰. 有限元强度折减法在三维边坡中的应用研究［J］. 地下空间与工程学报，2006，2（5）：822-827.
[49] 朱大勇. 土体稳定性分析方法——临界滑动场法［D］. 南京：工程兵工程学院，1999.
[50] 宋胜武. 汶川大地震工程震害调查分析与研究［M］. 北京：科学出版社，2009.
[51] 汤连生，张庆华，尹敬泽等. 交通荷载下路基土动应力应变累积的特性［J］. 中山大学学报（自然科学版），2007，46（6）：143-144.
[52] 张鲁渝，郑颖人，赵尚毅，等. 有限元强度折减系数法计算土坡稳定安全系数的精度研究［J］. 水利学报，2003，（1）：21-27.
[53] 宋二祥. 土工结构安全系数的有限元计算［J］. 岩土工程学报，1997，19（2）：1-7.
[54] 栾茂田，武亚军，年廷凯. 强度折减有限元法中边坡失稳的塑性区判据及其应用［J］. 防灾减灾工程学报，2003，23（3）：1-8.
[55] Griffiths D V，Lane P A. Slope stability analysis by finite elements［J］. Geotechnique，1999，49（3）：387-403.
[56] Ugai K. A Method of calculation of total safety factor of of slopes by elasoplastic FEM［J］. Soil and Foundations，1989，29（2）：190-195.
[57] 徐干成，郑颖人. 岩土工程中屈服准则应用的研究［J］. 岩土工程学报，1990，12（2）：93-99.
[58] 郑颖人，陈祖煜，王恭先，凌天清. 边坡与滑坡工程治理［M］. 北京：人民交通出版，2007：194-245.
[59] 高文梅. 强度折减有限元法分析土坡稳定性的合理性研究［D］. 天津：天津大学，

2006.
[60] Zienkiewicz O C, Humpheson C, Lewis R W. Associated and non-associated visco-plasticity and plasticity in soil mechanics [J]. Geotechnique, 1975, 25 (4).
[61] 赵尚毅，郑颖人，邓卫东. 用有限元强度折减法进行节理岩质边坡稳定性分析 [J]. 岩石力学与工程学报，2003，22 (2).
[62] 郑颖人，赵尚毅，张鲁渝. 用有限元强度折减法进行边坡稳定分析 [J]. 中国工程科学，2002，4 (10).
[63] 郑颖人，赵尚毅，宋雅坤. 有限元强度折减法研究进展 [J]. 后勤工程学院学报，2005，(03).
[64] HG Poulos. Difficulties in prediction of horizontal deformation of foundation [J]. OF the Soil Mechanics&Foundation Division, 1972, 98.
[65] WU Guo-xiong, DING Jing-sheng, WANG Min, LIU Xian-yi. 3D Effect Analysis of Geometrically Complicated High-Filled Slope Stability [J]. The 10th International Chinese Conference of Transportation Professionals, ICCTP 2010, 2010. 8.
[66] Griffiths D V, Lane P A. Slope stability analysis by finite elements [J]. Geotehnique, 1999, 49 (3): 387-403.
[67] Lane P A, Griffiths D V. Assessment of stability of slopes under drawdown conditions [J]. Journal of Geotechnical and Geoenviromental Enginering, 2000, 126 (5): 443-450.
[68] 王志斌. 岩质斜坡地基上填方路堤稳定性研究 [D]. 长沙：中南大学，2007.
[69] 王松根，高永涛，马飞，张玉宏. 公路路基支挡结构物加固技术研究 [J]. 岩土力学，2004，25 (S1)：110-114.
[70] Morgenstern N R. Stability charts for earth slopes during rapid drawdown [J]. Geotehnique, 1963, 13: 121-131.
[71] 吴越等. 降雨与库水位涨落作用下边坡渗流场分析 [J]. 后勤工程学院学报，2006，22 (4).
[72] 吴宏伟，陈守义等. 雨水入渗对非饱和土坡稳定性影响的参数研究 [J]. 岩土力学. 1999，20.
[73] 弗雷德隆德，拉哈尔佐. 非饱和土力学 [M]. 中国建筑工业出版社，1997.
[74] 陈平，张有天. 裂隙岩体渗流与应力耦合分析 [J]. 岩石力学与工程学报，1994，13 (4)：299-308.
[75] Desai C S. Drawdown analysis of slopes by numerical methods [J]. Journal of Geotechnical Engineering. ASCE, 1977, 103 (7): 667-676.
[76] Cousins B F. Stability charts for simple earth slopes [J]. Journal of Geotehnlcal Engineering, ASCE, 1978, 104 (2): 267-279.
[77] 陈守义. 考虑入渗和蒸发影响的土坡稳定性分析方法 [J]. 岩土力学，1997，18.
[78] 姚海林，郑少河，李文斌，陈守义. 降雨入渗对非饱和膨胀土边坡稳定性影响的参数

研究 [J]. 岩石力学与工程学报，2002，21（7）：1034-1039.
[79] 史弘鹤，王殿春. 降水入渗对非饱和土坡稳定性的影响 [J]. 西部探矿工程，2004. 9，1000：36-39.
[80] 陈波，李宁等. 多孔介质的变形场—渗流场—温度场耦合有限元分析 [J]. 岩石力学与工程学报，2001，20（4）：467-472.
[81] 廖红建，高石夯. 渗透系数与库水位变化对边坡稳定性的影响 [J]. 西安交通大学学报，2006，01.
[82] 吴俊杰，王成华等. 非饱和土基质吸力对边坡稳定的影响 [J]. 岩土力学. 2004，25.
[83] 杨林德，杨志锡. 各向异性饱和土体的渗流耦合分析和数值模拟 [J]. 岩石力学与工程学报，2002，21（10）：1447-1451.
[84] 沈珠江，米占宽. 膨胀土渠道边坡降雨入渗和变形耦合分析 [J]. 水利水运工程学报，2004.
[85] 张友谊. 不同降雨条件下峡口滑坡稳定性研究 [D]. 成都：西南交通大学，2007.
[86] 时卫民，郑颖人. 库水位下降情况下滑坡的稳定性分析 [J]. 水利学报，2004，23（3）：76-80.
[87] 夏麾，刘金龙. 库水位变化对库岸边坡稳定性的影响 [J]. 岩土工程技术，2005，19（6）：292-295.
[88] 杨建荣，吕小平. 水库水位降落对边坡稳定性的影响 [J]. 四川建筑，2005，24（2）：60-64.
[89] 刘建军，高玮，薛强等. 库水位变化对边坡地下水渗流的影响 [J]. 武汉工业学院学报，2006，25（3）：68-71.
[90] 黄茂松，贾仓琴. 考虑非饱和非稳定渗流的土坡稳定分析 [J]. 岩土工程学报，2006，32（2）：202-206.
[91] 谢云，李刚，陈正汉. 复杂条件下膨胀土边坡渗流和稳定性分析 [J]. 后勤工程学院学报，2006，22（2）：7-l1.
[92] 徐文杰，王立朝，胡瑞林. 库水位升降作用下大型土石混合体边坡流—固耦合特性及其稳定性分析 [J]. 岩石力学与工程学报. 2009，28（7）.
[93] 杨继平，吴进良. 地震作用下超高路堤边坡稳定性研究 [D]. 重庆：重庆交通大学，2010.
[94] 交通部公路科研所. 公路土工试验规程 JTG E40—2007. 北京：人民交通出版社，2007.
[95] 郑颖人，赵尚毅. 有限元强度折减法在土坡与岩坡中的应用 [J]. 岩石力学与工程学报，2004，23（19）3381-3388.
[96] 郑颖人，赵尚毅，张玉芳. 极限分析有限元法讲座——Ⅱ有限元强度折减法中边坡失稳的判据探讨 [J]. 岩土力学，2005，26（2）332-336.
[97] 张家桂. 三峡库区泥灰岩石在岩溶和风化过程中力学性质的变化 [J]. 岩石力学与工程学报，23（7）1073-1077.

[98] Farias M M, Naylor D J. Safety analysis using finite elements [J]. Computers and Geotechnics, 1998, 22 (2): 165-181.
[99] Zou J Z, Williams D J, Xiong W L. Search for critical slip surfaces based on finite element method [J]. Canadian Geotechnical Journal, 1995, 32: 233-246.
[100] 潘家铮. 建筑物的抗滑稳定性和滑坡分析 [M]. 北京：中国水利水电出版社，1980.
[101] 刘金龙. 边坡稳定性及路堤变形与破坏机理研究 [D]. 中国科学院武汉岩土力学研究所博士论文，2006.
[102] 钱家欢，殷宗泽. 土工原理与分析 [M]. 北京：中国水利水电出版社，1998.
[103] 交通部第二勘察设计院. 路基 [M]. 北京：人民交通出版社，1996.
[104] 何兆益，杨锡武. 路基路面工程 [M]. 重庆：重庆大学出版社，2001.
[105] 凌天清. 道路工程 [M]. 北京：人民交通出版社：2005.
[106] GEO-SLOPE International Ltd. SLOPE Engineering Book [M]. 2004.
[107] 周资斌. 基于极限平衡法和有限元法的边坡稳定性分析研究 [D]. 河海大学，2004.
[108] 杨有贞. 边坡稳定性弹塑性大变形有限元分析 [D]. 宁夏大学，2004.
[109] 刘世川. 高填路基变形与稳定的非线性有限元分析 [D]. 福州大学，2004.
[110] 郑颖人，赵尚毅. 岩土工程极限分析有限元法及其应用 [J]. 土木工程学报，2005，38 (1)：91-104.
[111] 宋二祥. 土工结构安全系数的有限元计算 [J]. 岩土工程学报，1997，19 (2)：1-7.
[112] 张鲁渝，郑颖人，赵尚毅等. 有限元强度折减系数法计算土坡稳定安全系数的精度研究 [J]. 水利学报，2003，(1)：21-27.
[113] Matsui T and San K C. Finite element slope stability analysis by shear strength reduction technique [J]. Soils and foundations, JSSMFE, 1992, 32 (1): 59～70.
[114] 连镇营，韩国城，孔宪京. 强度折减有限元法开挖边坡的稳定性 [J]. 岩土工程学报，2001，23 (4)：407-411.
[115] 刘祚秋，周翠英，董立国，等. 边坡稳定及加固分析的有限元强度折减法 [J]. 岩土力学，2005，26 (4)：558-561.
[116] 李忠友，邓勇等. 云奉高速公路奉节东立交高填方边坡数值分析 [J]. 地下空间与工程学报. 2009，5 (2).
[117] 中交第二勘察设计院. 路基 [M]. 北京：人民交通出版社，1996.
[118] 刘会. 三峡库区水位变化对库岸影响的探讨 [J]. 人民长江，2008，39 (16).
[119] 徐文杰，王立朝，胡瑞林. 库水位升降作用下大型土石混合体边坡流—固耦合特性及其稳定性分析 [J]. 岩石力学与工程学报，2009.07.
[120] 南京水利科学研究院土工研究所 [M]. 土工试验技术手册，北京：人民交通出版社，2002.
[121] Jinliangwu Yongxingzhang. Finite element analysis of stability of extra-high slope under multilayer slope load, Disaster advances, 2012.9, 11, SCI 正刊.
[122] Jinliangwu Yongxingzhang, Nianpeng. The Seismic Stability Numerical Analysis of

Embankment High Slope with Different Filling, Applied Mechanics and Materials, 2011.11, EI检索号：20114114419820.

[123] Jinliangwu Yongxingzhang. Research on the law of the infuence on Multilayer slope load to the different gradient high slope stability, Applied Mechanics and Materials, 2012.5, EI检索号：20122315097081.